电子电工技术实训与创新研究

舒 华 著

中国原子能出版社

图书在版编目（CIP）数据

电子电工技术实训与创新研究 / 舒华著. --北京：中国原子能出版社，2023.5
ISBN 978-7-5221-2722-4

Ⅰ. ①电… Ⅱ. ①舒… Ⅲ. ①电子技术–研究②电工技术–研究 Ⅳ. ①TN②TM

中国国家版本馆 CIP 数据核字（2023）第 093551 号

电子电工技术实训与创新研究

出版发行 中国原子能出版社（北京市海淀区阜成路 43 号 100048）
责任编辑 白皎玮
责任印制 赵 明
印 刷 北京天恒嘉业印刷有限公司
经 销 全国新华书店
开 本 787 mm×1092 mm 1/16
印 张 13
字 数 219 千字
版 次 2023 年 5 月第 1 版 2023 年 5 月第 1 次印刷
书 号 ISBN 978-7-5221-2722-4 **定 价** **76.00** 元

发行电话：010-68452845

前 言

随着科学技术的迅速发展，各相关领域的工作也对工程技术人员提出了越来越高的综合技能要求，这就使得培养具有扎实的理论基础、科学的创新精神、基本的工程素养的综合型人才成为理工院校人才培养的关键。因此，工程教育课程在理工专业学生培养方案中的作用日趋突出。在工程教育课程体系中，电子电工类工程实践课程是最基本、最有效、最能激发学生兴趣的工程教育资源，其作用日趋凸显，是人才培养方案中不可或缺的实践环节。

电子电工技术应用与实践课程是理工科高等院校培养各类型工程技术人才工程教育核心课程，它将科学研究、实验教学、工程训练融为一体，是理论联系实际的有效途径。通过电子电工技术应用与实践课程的学习，学生可以弥补从基础理论到工程实践之间的薄弱环节，能够拓展科技知识、激发学习兴趣，培养劳动安全意识、质量意识和工程规范意识，并能培养初步的工程设计能力和求实创新精神，提高学生的工程素养与实践创新能力，为日后学习和从事工程技术工作奠定坚实的基础。

本书是根据高等工程教育改革的深化、国家对创新型人才的需求、学校人才培养方案的改革，并结合多年的教学实践与当前电子电工技术发展的趋势，针对提高学生的实践能力和创新能力而编写的，凝结了笔者十多年的教学心得与工程实践经验。

由于笔者水平有限，书中难免有不足与不妥之处，恳请广大读者批评指正。

目　录

第一章

导　论

电子电工技术课程是工科相关专业的技术基础课，具有很强的实践性。除了电子电工技术课堂教学外，电子电工技术实训课程（比如实验和课程设计）同样是重要的教学环节。它是培养学生理论联系实际、分析问题和解决问题能力的重要实践教学环节，是学生获得实际知识、训练基础技能的主要途径。电子电工技术是为工科许多专业学生开设的技术基础课程，但学生一般比较缺乏电子电工技术方面的感性知识与动手能力，这就更加突出了电子电工技术实训课程在工科专业学生能力培养方面的重要性。

电子电工技术实训课，在内容与要求上和电子电工技术课堂教学紧密相关，所以在教学安排上，两者是密切配合的。通过电子电工技术实训课，学生可以在亲身实践中加深理解和巩固课堂学习的理论知识，并运用概念去分析实验现象和解释实际问题。具体培养学生达到下述几个方面的实验能力。

1. 能正确使用常见的电子仪器、电工仪表、电机和电器等设备。

2. 能阅读简单的电气设备和电子设备的原理电路图。

3. 能独立进行简单的实验。

4. 能根据理论知识判别实验过程是否正常，判断实验结果是否正确。

5. 能准确读取实验数据、测绘波形曲线，分析实验结果，编写出整洁的实验报告。

6. 掌握基本的安全用电常识。

7. 能够掌握常见的电子工艺，为以后的工作打下基础。

8. 具有一定的电子电工电路设计能力，为以后成为合格的工程师做准备。

电子电工技术实训课是在教师指导下由学生独立进行的。为了使实训课能达到上述目的，因此要求学生应以严肃认真的科学态度对待每一次实验（课程设计）。下面主要对电子电工技术实验、课程设计和总结报告等作简要的介绍。

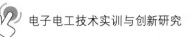

第一节　电子电工技术实验课的目的、要求和过程

一、实验课的预习

实验前必须认真预习，做好充分准备。这是实验能顺利进行和获得良好效果的必要保证，因此指导教师在每次实验前应检查学生的预习报告并进行必要的抽查提问，对未预习或预习不好的学生暂停本次实验，待准备充分后再补做实验。预习内容包括复习与实验有关的教学内容，阅读实验讲义，明确实验目的与实验内容，熟悉实验线路图和实验步骤及实验注意事项，务必做到做实验时心中有数。

二、实验的进行

1. 分工：要求每个实验小组的同学轮流担任接线、查线、操作、测量和记录等工作，每次实验都要有明确分工和互相协作。一般由担任记录工作的同学负责组织工作，并指挥操作和测量，检查和判断数据是否正确等。

2. 接线：接线是进行实验工作的基本技能之一，因此合理、准确、可靠和整齐的接线是考核学生实验能力的重要内容，所以小组的学生都应轮流参加接线。接线前，应根据实验线路对测量仪表及实验所用器件做合理的部署，使之便于接线和查对，并使操作和读数方便。接线时应注意选用适当长度的导线，并注意检查导线的接线勾叉、鳄鱼夹或香蕉插头等是否连接良好，接线柱要拧紧，插头要插准、插紧，以保证接触良好。接线时要根据实验线路图，按先接支路内各串联元件，然后接并联元件的顺序进行，这样可避免遗漏或重复。为安全起见，应在接好全部线路后再接电源线。

3. 查线：接好线后，学生不可擅自通电，应先由同组同学互相查线，再请指导教师检查，得到教师同意后才可接通电源。在实验过程中，若需改接电路，必须断开电源再进行改接。改接后，需要经过指导教师检查，方可继续进行实验。

4. 操作及读数：操作时要目的明确、内容清楚。读数前要再次验明仪表的刻度、量程及连接方法，并注意仪表的调零。通电后，首先应对线路的工作状态进行必要的检查，即在实验前预先观察电路的运行情况及仪表指示是否正常。观察所测数据的变化趋势，以便确定实验曲线的取点，凡变化急剧处取点密，变化缓慢处取点疏，使取点尽量少而又真实反映客观情况。然后，按实验要求进行观测和读数。读数应采取“眼、针、线”重合的正确姿势，以免读数误差，仪表应按其规定位置（如水平位置或垂直位置）放置，否则也会影响准确度。记录要完整、清楚，要合理取舍有效数字（最后一位为估计数字）原始数据不得任意更改，交报告时要将原始数据一起附上。在实验过程中，若发生事故，要马上切断电源，保护现场，并立即报告指导教师，共同分析事故的性质，找出原因且排除故障后，再继续进行实验。

5. 审查原始记录：每一实验内容进行完后，暂不拆线，应根据理论概念绘制曲线草图或进行简单计算，以判断所测得的数据是否正确，若发现错误可重新进行测量。检查数据时应注意判别误差，一种误差是因测量仪表不准（如仪表级别不高、零点未经调好）或测量方法不当（如仪表内阻对被测电路的影响、测量者读数偏差等）所造成的误差。这种误差具有一定的规律，检查时容易发现，发现后应采取正确、合理的测量方法来改正。另一种误差是在测量过程中由于外界电场或磁场的干扰、环境温度变化、电源电压波动等原因造成的误差。发现这种误差后，应查明原因，采取措施，尽量避免或心中有数。在整个实验完毕后，记录数据首先由组内同学进行审查，然后再请指导教师审查签字，认为通过后再拆除接线。

三、整理实验结果和总结报告

1. 整理实验结果：实验结果有原始测量数据、波形曲线及观察到的现象等。整理数据就是根据原始记录（若需要折算的必须进行折算）按实验要求进行计克，以求得实验结果。

需要根据实验数据绘制曲线，以便把两个物理量之间的函数关系形象地表示出来。要求用坐标纸（不得小于 8 cm × 8 cm）来画出曲线。坐标轴的标度应根据曲线的具体情况来选取，坐标轴的起点不一定从零开始，应使曲线的布置充分利用幅面，而不要偏于一边或一角，图形不应扁平或窄长。在根据数据画出各点时，要用明显符号“*”或“•”标清楚，每根曲线用一种符号来表示，实验曲线应该平滑，不应简单地把各点连成折线（特殊要求者除外）。波形应在实验观测时进行描绘，注意适当选取坐标，以便表示出波形的特征，并应力求真实。

2. 总结报告：应使用专门的实验报告纸，写出实验名称、实验日期、实验报告完成日期、班、组别、学号、姓名和同组者姓名。报告内容应包括实验目的、实验用仪器设备、实验内容、实验线路图、记录数据表格、计算公式及数据处理和报告项目问题讨论等。在实验结束后尽快做好实验报告，要求书写文字整齐简洁。这样由于印象深，易于发现问题并便于整理。实验报告最迟应在实验结束后一周内由课代表统一交给指导教师。

第二节　电子电工技术课程设计的目的、要求和过程

一、电子电工技术课程设计应达到的目的和要求

（1）综合运用电子电工技术课程中所学到的理论知识去独立完成一个设计课题。

（2）通过查阅手册和文献资料，培养学生独立分析和解决实际问题的能力。

（3）进一步熟悉常用电子器件的类型和特性，并掌握合理选用的原则。

（4）学会电子电路的安装与调试技能。

（5）进一步熟悉电子仪器的正确使用方法。

（6）学会撰写课程设计总结报告。

（7）培养严肃认真的工作作风和严谨的科学态度。

二、电子电工技术课程设计的过程

1. 设计与计算阶段（也称预设计阶段）

学生根据所选课题的任务、要求和条件进行总体方案的设计，通过论证与选择，确定总体方案。此后对方案中的单元电路进行选择和设计计算，包括元器件的选用和电路参数的计算，最后画出总体电路图（原理图和布线图）。此阶段约占课程设计总学时的30%。

2. 安装与调试阶段

预设计经指导教师审查通过后，学生即可从实验室领取所需元器件等材料，并在实验箱上或实验板上组装电路；然后运用测试仪表进行电路调试，排除电路故障，调整元器件，修改电路，使之达到设计指标要求。

此阶段往往是课程设计的重点与难点所在，所需时间约占总学时的50%。

3. 撰写总结报告阶段

总结报告是学生对课程设计全过程的系统总结。学生应按规定的格式编写设计说明书。说明书的主要内容有：（1）课题名称；（2）设计任务和要求；（3）方案选择与论证；（4）方案的原理框图，总体电路图、布线图及它们的说明，单元电路设计与计算说明；元器件的选择和电路参数计算的说明等；（5）电路调试，对调试中出现的问题进行分析，并说明解决的措施；测试、记录、整理与结果分析；（6）收获、体会、存在问题和进一步的改进意见等。

4. 答辩、评定

学生对所做课题作一个简要介绍，之后由指导教师对学生所设计的整体的原理、特点、工作过程，各单元电路的工作原理、性能，主要元器件的选择依据等提出指导性意见。安装调试后，答辩组教师针对学生所做设计提出问题，学生做答，教师根据设计和答辩过程评定成绩。

第二章

电工基础

第一节　直流电路

在生产、科研和日常生活中，我们几乎天天都在和电打交道。如照明用电、机械制造、航空设备、通信系统、家用电器等都离不开电的应用。电的应用已经渗透到各个领域，成为现代物质、文化生活中不可或缺的一部分。这一单元将首先学习直流电路的基本知识。

一、电路的基本知识

（一）电路的组成

在实际电路中，为了实现某种应用目的，将各种电路元器件按照一定的方式连接起来，就构成一个电路。因为要达到的目的不同，所以电路的种类千差万别，但是任何一个完整的电路，无论结构多么复杂，一般都是由电源、负载、控制和保护装置及导线组成的。

电路的组成及各部分作用。

1. 电源：向电路提供能量，把其他形式的能转换成电能。例如发电机能将机械能转换成电能。

2. 负载：把电能转换成其他形式的能。例如灯泡能将电能转换成光能。

3. 导线：用来连接电路，输送分配电能。

4. 控制、保护装置：控制电路的通断、保护电路等。

电路的作用可以归纳为实现电能的传输、分配与转换，实现信号的传递与处理。

（二）电路的电气符号

用电气设备的实物图来表示实际电路虽然很直观，但是画起来很麻烦，为了简便起见，通常用电路图来表示。在电路图中，组成电路的元器件和连接情况一般用国家统一规定的电气符号来表示（如表 2-1 所示）。

表 2-1 电路图部分常见符号

名称	实物图	符号	名称	实物图	符号
电阻		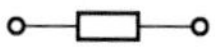	电容		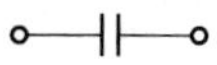
电灯			电感		
开关			电度表		
电池		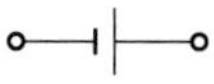	电压表	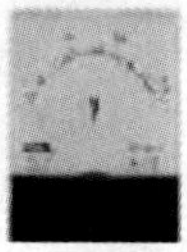	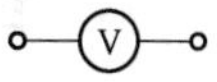
接地		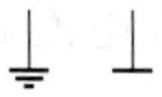	保险丝		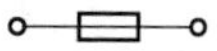

（三）电路的三种状态

电路的三种状态分别是通路、断路（也叫开路）、短路。

1. 通路

通路是指闭合开关接通电路，电流流过用电器，使用电器进行工作的状态，如图 2-1（a）所示。

2. 断路

断路是指电路被切断，电路中没有电流通过，用电器不工作的状态，如图 2-1（b）所示。

3. 短路

短路是指电流不经过用电器而直接构成网路，如图 2-1（c）所示。这时整个电路电阻很小，电流很大，电路强烈发热，会损坏电源甚至引起火灾。电源短路后，通过用电器的电流几乎为零，用电器也不能工作。所以，短路是电路连接时应特别注意避免的一种不正常情况。

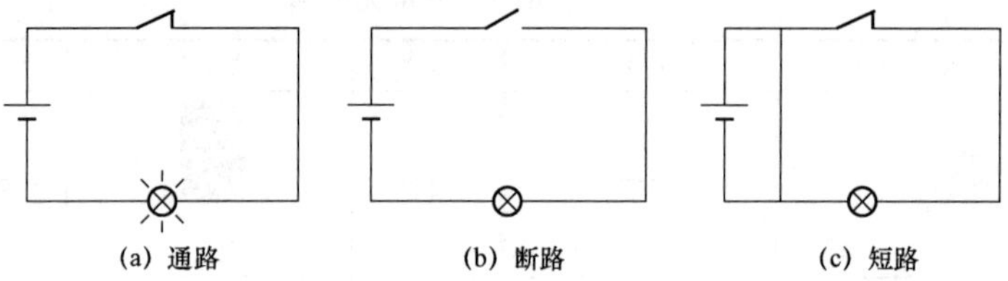

图 2-1　电路的三种状态

第二节　电路中的基本物理量

一、电流

（一）电流的定义

电荷的定向运动形成电流。电路中有持续电流的条件是电路为闭合通路；电路两端存在电压。

（二）电流的大小

单位时间内通过导体横截面的电荷量的大小，即

$$I = Q/t$$

式中：

I——电流，单位是安培，用符号 A 表示；

Q——电荷量，单位是库仑，用符号 C 表示；

t——时间，单位是秒，用符号 s 表示。

常用的电流单位还有毫安（mA）、微安（μA）、千安（kA）等，它们之间的换算关系是：

$$1\ \text{kA} = 10^3\ \text{A};\ 1\ \text{A} = 10^3\ \text{mA};\ 1\ \text{mA} = 10^3\ \mu\text{A}$$

（三）电流的分类

电流不但有大小而且有方向，一般规定正电荷移动的方向或负电荷移动的反方向为电流的方向。

电流可分为直流和交流两种类型。大小和方向都不随时间变化的电流称为直流电流，简称直流，用 DC 表示；大小和方向都随时间变化的电流称为交流电流，简称交流，用 AC 表示。

二、电压、电位和电动势

（一）电压

为了衡量电场力做功能力的大小，引入电压这个物理量，电压在数值上等于电场力将单位正电荷从。点移到点所做的功，即

$$U_{ab}=W/q$$

式中：

U_{ab}——a、b 两点间的电压，单位是伏（V）；

W——移动单位正电荷电场力所做的功，单位是焦耳（J）；

q——电荷量，单位是库仑（C）。

常用的电压单位有千伏（kV）、毫伏（mV）、微伏（μV）等，它们之间的换算关系是：

$$1\ \text{kV}=10^3\ \text{V};\ 1\ \text{V}=10^3\ \text{mV};\ 1\ \text{mV}=10^3\ \mu\text{V}$$

规定电压的方向由高电位指向低电位。也可以用“+”表示高电位，用“−”表示低电位。电压是对电路中的两点而言的，用双下标表示，即 U_{ab} 表示 a、b 两点间的电压。

（二）电位

电路中的电位是相对的，它的大小与参考点的选择有关，某点电位等于该点与参考点之间的电压，所以要选择参考点。假定参考点的电位为零，比参考点高的电位为正，比参考点低的电位为负。

a 点电位用符号 V_a 表示，在电路中 a、b 两点间的电压等于这两点间的电位之差。即

$$U_{ab}=V_a-V_b$$

电压和电位二者既有联系又有区别，电位是相对的，它的大小与参考点的选择有关；电压是绝对的，它的大小与参考点的选择无关。电位的参考点可以任意选择，但是一个电路中只能有一个参考点。

（三）电动势

电源将其他形式的能转换成电能的过程，就是电源力反抗电场力做功，不断地把正电荷从低电位移到高电位的过程。不同的电源，电源力做功的性质和大小不同，为此引入电动势这个物理量。

在电源的内部，电源力将正电荷从低电位移到高电位所做的功与该电荷的电荷量的比，叫做电源的电动势。即

$$E=W/q$$

式中：

E——电源电动势，单位是伏特（V）；

W——电源力移动正电荷所做的功，单位是焦耳（J）；

q——电荷量，单位是库仑（C）。

电动势的方向规定由电源的负极指向正极或由低电位指向高电位。

应当指出，电动势与电压的物理意义不同，电动势存在于电源的内部，是电源力做功；电压既存在于电源的内部也存在于电源的外部，是电场力做功。电动势的方向从负极指向正极，即电位升的方向；电压的方向是从正极指向负极，即电位降的方向。

第三节　电路中的理想元件——电阻、电容和电感

一、电阻与电导

（一）电阻

导体对电流的阻碍作用叫电阻。用 R 表示，单位是欧姆，用符号 Ω 表示，常用的还有千欧（kΩ），兆欧（MΩ）。它们之间的换算关系是

$$1\ \text{k}\Omega=10^3\ \Omega;\ 1\ \text{M}\Omega=10^6\ \Omega$$

（二）电阻定律

电阻是导体固有的参数，是一个定值。在一定的温度下，导体的电阻与导体的长度成正比，与电阻的横截面积成反比，与导体材料性质有关，这一规律称为电阻定律。用公式表示为

$$R=\rho\ (L/S)$$

式中：

L——导体的长度，单位为米（m）；

ρ——电阻率，单位为欧·米（Ω·m）；

S——导体的横截面积，单位为平方米（m^2）；

R——电阻，单位为欧姆（Ω）。

导体电阻的大小取决于导体本身的因素，还与其他因素有关。实验证明：导体的阻值随温度的变化而变化。一般金属材料的阻值，随温度升高而增大，随温度降低而减小。

（三）电导

电阻的倒数叫做电导。用符号 G 表示，单位为西门子（S），公式为

$$G=1/R$$

由公式可知，电阻越小，电导越大，电阻的导电性能就越好。电阻和电导都反映物体的导电能力，只是表示方法不同。

（四）电阻器

电阻器是组成电路的基本元件之一，主要用来稳定和调节电流和电压，在电路中起分压、分流、限流等作用，主要应用在各种电子产品中。按结构不同电阻器可分为固定电阻器和可调电阻器；按材料的不同电阻器可分为碳膜电阻器、金属膜电阻器、玻璃釉膜电阻器和线绕电阻器等。常见的固定电阻器外形如图 2-2 所示。

图 2-2　常见的固定电阻器外形

二、电容元件

电容器是电路中的基本元件之一，在电子技术中常用于滤波、选频、移相等，在电力系统中，可用来提高电力系统的功率因数。

（一）电容器的结构及符号

任意两块导体中间用绝缘介质隔开就构成了电容器。这两块导体称为极板。平行板电容器的结构及符号示意图如图 2-3 所示。

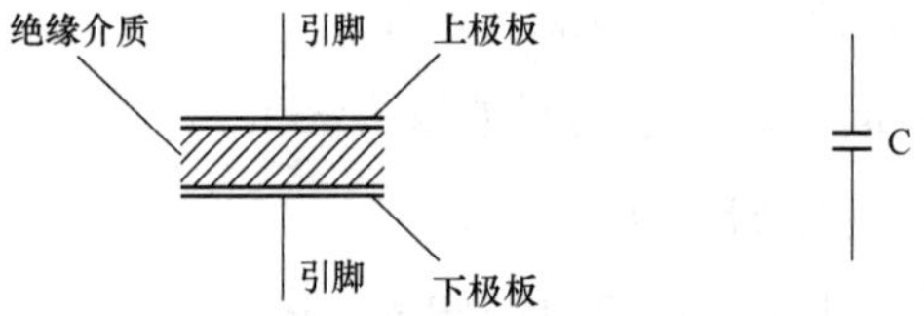

图 2-3　电容器的结构及符号示意图

（二）电容器的分类

按电容量是否可变，可分为固定电容器和可变电容器；按介质不同可分为空气、云母、陶瓷、纸质电容器等；按极板形状不同可分为平行板、球形、柱形电容器等。

常见的几种电容器的外形如图 2-4 所示，图形符号如图 2-5 所示。

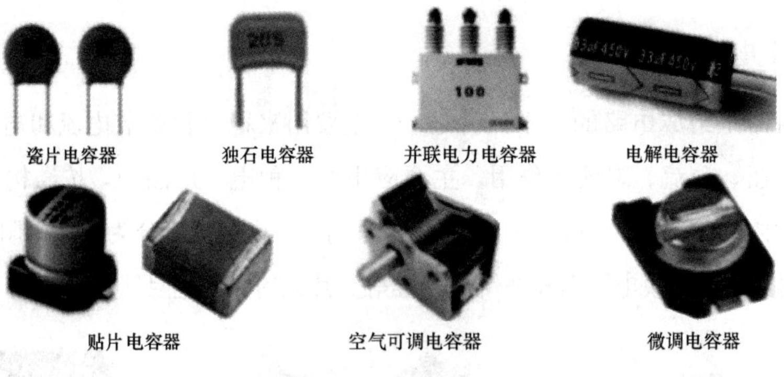

图 2-4　常见的几种电容器的外形

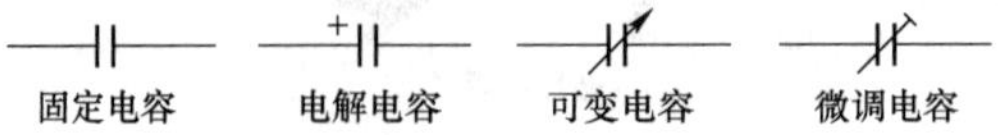

图 2-5　电容器的符号

（三）电容器的电容量

电容器最基本的特性是能够储存电荷。把电容器的两个极板分别接到电源的正、负极上，电容器的两个极板间便有电压 U，任意极板所储存的电荷量 Q 与两极板间的电压 U 的比值，称为电容量，简称电容，用符号 C 来表示，即

$$C=Q/U$$

式中：

C——电容，单位是法（拉），符号为 F；

Q——一个极板上的电荷量，单位是库仑，符号为 C；

U——两极板间的电压，单位是伏特，符号为 V。

电容的国际单位是法拉，简称法（F）。法的单位太大，在实际应用中，常用较小的单位有微法（μF）和皮法（pF），它们之间的关系是：

$$1\ \text{F}=10^{6}\ \mu\text{F}，1\ \mu\text{F}=10^{6}\ \text{pF}$$

电容还有毫法（mF）和纳法（nF）等单位，它们与法拉的关系是：

$$1\ \text{F}=10^{3}\ \text{mF}；1\ \text{F}=10^{9}\ \text{nF}$$

设平行板的面积为 S，两平行板间的距离为 d，两板间的电解质的介电系数为 ε。实验证明，平行板电容器的电容量与极板面积 S 及介电常数 ε 成正比，与两极板间的距离成反比。表达式为

$$C=\varepsilon S/d$$

式中：

ε——某种电介质的介电常数，单位是法每米，符号为 F/m；

S——每块极板的有效面积，单位是平方米，符号为 m^2；

d——两极板间的距离，单位是米，符号为 m；

C——电容，单位是法拉，符号为 F。

电容是表示电容器储存电荷能力的物理量，对于某一个平行板电容器而言，它和电容器极板面积大小、相对位置及极板间的介质有关；与两极板间电压的大小、极板所带电荷量的多少无关。

（四）电容器串、并联

1. 电容器的串联

将两个或两个以上的电容器，联接成一个无分支电路的连接方式叫做电容器

的串联，如图 2-6 所示。

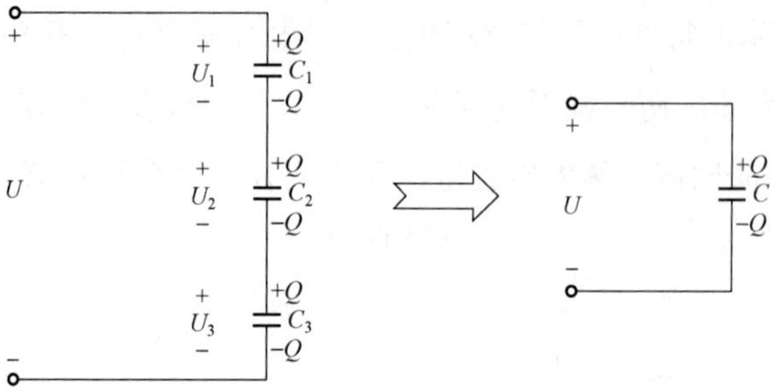

图 2-6　电容器的串联电路

特点：

串联电容器组中的每一个电容器都带有相等的电荷量，即

$$Q = Q_1 = Q_2 = Q_3$$

串联电容器总电容量的倒数是各个电容器电容量倒数之和，即

$$1/C = (1/C_1) + (1/C_2) + (1/C_3)$$

如果有 n 个电容量为 C_0 的电容器串联，总电容量 C 为

$$C = C_0/n$$

串联后的总电容量 C 比每个电容器的电容量都小。这相当于加大了电容器两极板间的距离，因而电容减小了。

例如图 2-7 所示，三个电容 C_1、C_2、C_3 串联起来后，接到 60 V 的电压上，其中

$C_1 = 2\ \mu F$；$C_2 = 3\ \mu F$；$C_3 = 6\ \mu F$，求每只电容器承受的电压 U_1、U_2、U_3 是多少？

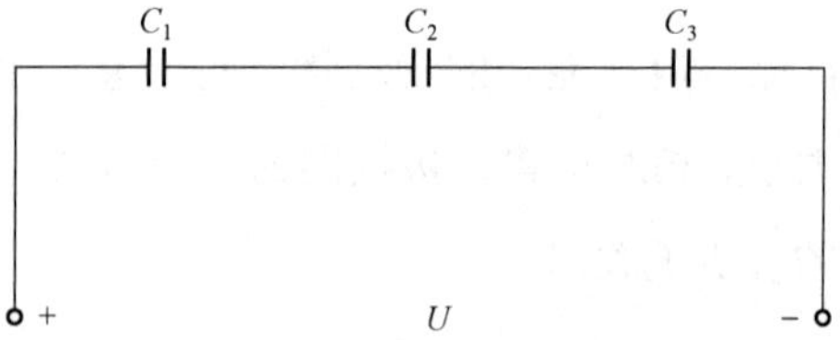

图 2-7　电路图

解：由电容器串联的公式求出总电容 C

$$1/C = (1/C_1) + (1/C_2) + (1/C_3) = 1/2 + 1/3 + 1/6 = 1$$

所以 $C=1\ \mu F$

根据电容的定义式 $C=Q/U$ 可得，总电荷量

$$Q=CU=1\times 60=60\ \mu C$$

电容器串联电路中，电荷量处处相等

$$Q=Q_1=Q_2=Q_3=60\ \mu C$$

所以电容器 C_1 所承受的电压 U_1 为

$$U_1=Q_1/C_1=60/2=30\ V$$

同理，电容器 C_2 所承受的电压 U_2 为

$$U_2=Q_2/C_2=60/3=20\ V$$

电容器 C_3 所承受的电压 U_3 为

由例题可以得出，电容量大的电容器分得的电压小，电容量小的电容器分得的电压大，也可以说，在电容器串联电路中，各个电容器两端的电压与其自身的电容量成反比。

2. 电容的并联

当单独的一个电容器的电容量不能满足电路的要求，而耐压均满足电路的要求时，可以将几个电容器并联起来，接在电路中。把几个电容器接在两个节点之间的连接方式叫电容器的并联。如图 2-8 所示。

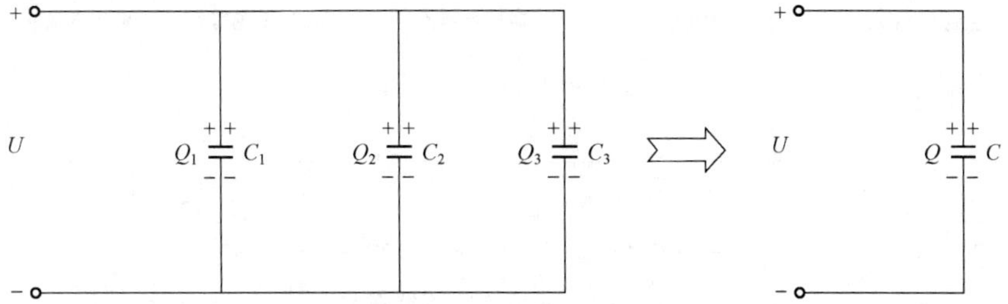

图 2-8　电容器的并联电路

电容器并联接上电压后，每个电容器两个极板间的电压都是 U，即电容并联时加在各个电容器上的电压是相等的，即

$$U=U_1=U_2=U_3$$

根据电容的定义 $C=Q/U$ 式可知，每个电容器分配到的电荷量是不同的，即

$$Q_1=C_1U;\quad Q_2=C_2U;\quad Q_3=C_3U$$

各电荷量之间的关系为

$$Q=Q_1+Q_2+Q_3$$

总电容等于各个电容之和

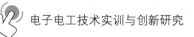

$$C=Q/U=(Q_1+Q_2+Q_3)/U=(C_1U+C_2U+C_3U)/U=C_1+C_2+C_3$$

电容器并联时相当于增大了电容器两极板间的有效面积，使电容量增大了。电容器并联，每只电容器均承受着外电压，因此每只电容器的耐压均应大于外电压。

三、电感元件

电感器有阻碍电流变化的特性，也是一个储能元件，能将电能转换为磁能贮存起来。

（一）电感器的分类、外形和符号

用导线绕制而成的线圈叫做电感器，也叫电感线圈。电感器可分为空心电感线圈和铁芯电感线圈两大类。常见的电感器外形如图 2-9 所示，其符号如图 2-10 所示。

图 2-9　常见的电感器

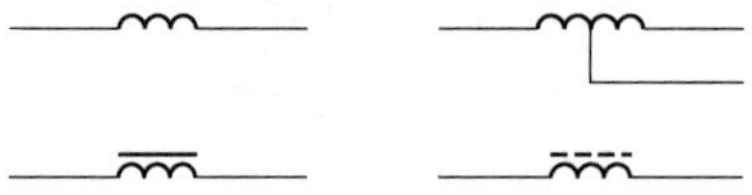

图 2-10　常见的电感器符号

（二）电感线圈的参数

电感线圈是一个储能元件，它有两个重要参数：一个是电感，另一个是额定电流。

1. 电感。空心电感线圈的电感是线性的，电感量由线圈本身的性质决定，与电流的大小无关；铁芯电感线圈的电感是非线性的，其电感量的大小随电流的变化而变化。

2. 额定电流。电感器的额定电流是指电感器在正常工作时所允许通过的最大电流。电感器的实际工作电流必须小于额定电流，否则电感器将会因过热而烧毁。

（三）自感现象及自感电动势

在图 2-11 所示电路中，HL_1 和 HL_2 是两个完全相同的灯泡，L 是一个较大电感线圈，可变电阻 R_P 的阻值与线圈的电阻值相等，将开关 S 闭合的瞬间，可以看到灯泡 HL_1 比灯泡 HL_2 先亮，过一段时间，两个灯泡一样亮。怎样解释这种想象呢？原来开关 S 闭合时，电流由零增大，线圈 L 中必定产生感应电动势，阻碍线圈中电流的增加，因此，灯泡 HL_2 比灯泡 HL_1 亮的迟一些。这就是自感现象。

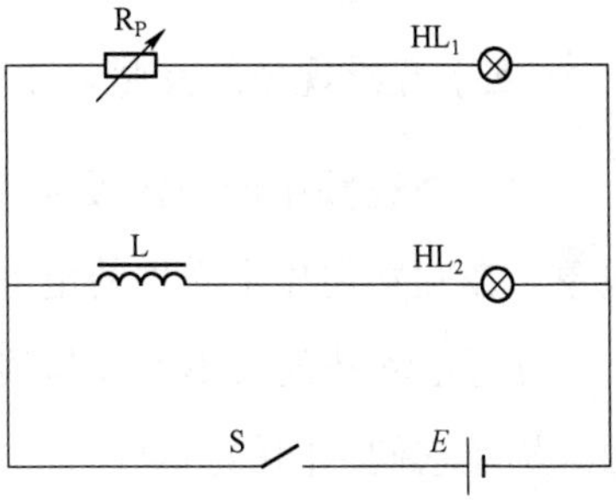

图 2-11　自感实验

线圈中通过电流时，就会产生磁通，设一个 N 匝的电感线圈通过的电流为 I，在每匝线圈中产生的磁通为ϕ，则线圈的磁通链为 ψ，即

$$\psi = N\phi$$

理论和实验证明，磁通链 ψ 与电流 I 成正比，即

$$\psi = L_I \text{ 或 } L = \psi / I$$

式中：

I——线圈中的电流，单位是安培，符号为 A；

ψ——线圈的磁通链，单位是韦伯，符号为 Wb；

L——线圈的自感系数，简称自感或电感，单位是亨利，符号为 H。

常用的单位还有毫亨（mH）和微亨（μH），它们之间的换算关系为

$$1\ \text{mH} = 10^{-3}\ \text{H}、1\ \mu\text{H} = 10^{-6}\ \text{H}$$

因通过线圈的电流的变化而在线圈自身引起电磁感应的现象，叫做自感现象。在自感现象中产生的感应电动势，叫做自感电动势。

根据法拉第电磁感应定律，线圈中产生的自感电动势为

$$e_L = -L(\Delta i / \Delta t)$$

式中（$\Delta i/\Delta t$）叫做电流的变化率，自感电动势的大小与电流的变化率成正比。

公式中的负号表明电动势总是企图阻止电流的变化。

自感现象在生活中有利也有弊，日光灯利用镇流器的向感现象，获得点燃灯管所需的高压，在日光灯正常工作时，利用自感现象起降压限流的作用。开关的闸刀和固定夹片之间的空气由于自感现象电离变成导体，产生电弧而烧毁开关，甚至危及工作人员的安全。

（四）互感现象及互感电动势

由一个线圈中的电流发生变化而使其他线圈产生感应电动势的现象叫互感现象。在互感现象中产生的电动势叫互感电动势。

互感电动势的大小不仅与线圈中的电流变化率的大小有关，而且与两个线圈的结构及它们之间的相对位置有关。即

$$e_{\mathrm{M}}=M(\Delta i/\Delta t)$$

式中：

$(\Delta i/\Delta t)$——电流的变化率，单位安培每秒，符号 A/S；

M——互感系数，简称互感，单位亨利，符号 H；

e_{M}——互感电动势，单位伏特，符号 V。

互感系数由两个线圈的几何形状、尺寸、匝数及它们之间的相对位置决定，与线圈中电流的大小无关。

互感现象有利又有弊，应用互感可以很方便的把能量或信号由一个线圈传到另一个线圈，我们使用的各种变压器就是利用互感原理工作的。而有线电话常常会由于两路电话间的互感引起串音。

（五）互感线圈的同名端

在实际电路中，两个或两个以上线圈彼此耦合时，必须考虑互感电动势的极性，不能接错。为了工作方便，电路图中常常用小圆点“•”或是小星号“*”标出互感线圈的极性，称为“同名端”。同名端不仅反映互感线圈的极性，也反映了线圈的绕向。

互感线圈中由电流变化所产生的自感与互感电动势极性始终保持一致的端点，叫做同名端。反之叫做异名端。

下面说明同名端的含义，在图 2-12 中，当线圈 A 中通有电流 i，并且电流随着时间变化时，电流所产生的口感磁通和互感磁通也随时间发生变化。由于磁通

的变化，线圈 A 中要产生自感电动势，线圈 B、线圈 C 中都要产生互感电动势。以磁通作为参考方向，应用右手螺旋定则，线圈 A 的自感电动势方向从 2 指向 1，线圈 B 的互感电动势方向从 4 指向 3，线圈 C 的互感电动势方向从 5 指向 6。

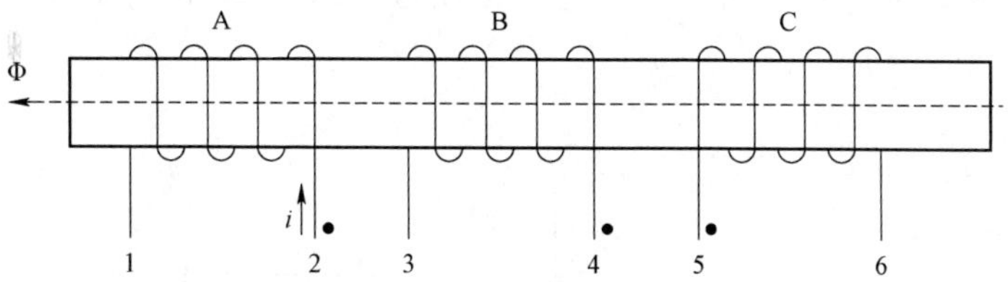

图 2-12　互感线圈的同名端

互感线圈极性的判断是互感线圈连接的前提和条件。了解其中各线圈的绕向，可以方便快捷的找到同名端，利用同名端可以在不打开电气设备外壳的情况下，对电气设备进行电路图的绘制与连接，给使用者带来了极大的方便。

第四节　欧姆定律

一、部分电路欧姆定律

电路中的电流与电阻两端的电压成正比，与电阻的阻值成反比。这个定律是乔治欧姆通过实验得到的结论。它反映了在不含电源的一段电路中，电流与这段电路两端的电压及电阻的关系，即

$$I = U/R$$

式中：

I——电流，单位是安培，符号为 A；

U——电压，单位是伏特，符号为 V；

R——电阻，单位是欧姆，符号为 Ω。

如图 2-13 所示，电流从电压的正极性流入，负极性流出，也就是说，电压的参考方向与电流的参考方向是一致的，称为关联参考方向。当电压与电流的参考方向不一致时，为非关联参考方向，欧姆定律应写成

$$I = -U/R$$

注意：阻值不随电压、电流变化而变化的电阻叫做线件电阻。由线性电阻组成的电路叫线性电路。阻值随电压、电流的变化而变化的电阻，叫非线性电阻，由非线性电阻组成的电路叫非线性电路。

例：如图 2-14 所示电路，已知电动势 E 为 3 V，电阻 R 为 100 Ω，求电路中的电流 I。

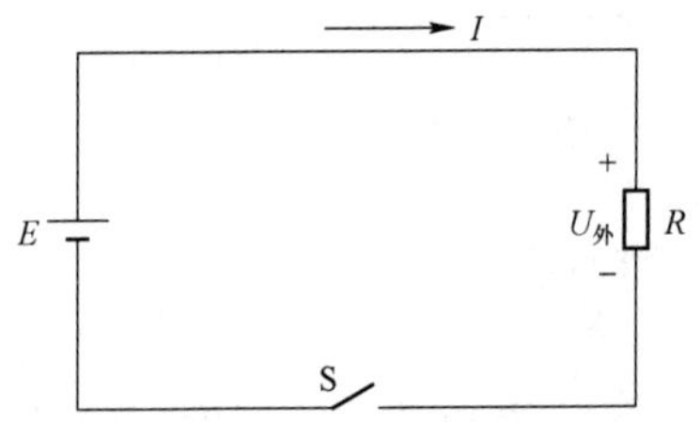

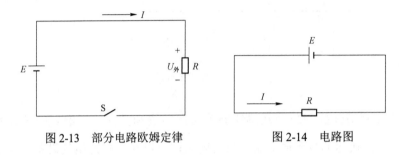

图 2-13　部分电路欧姆定律

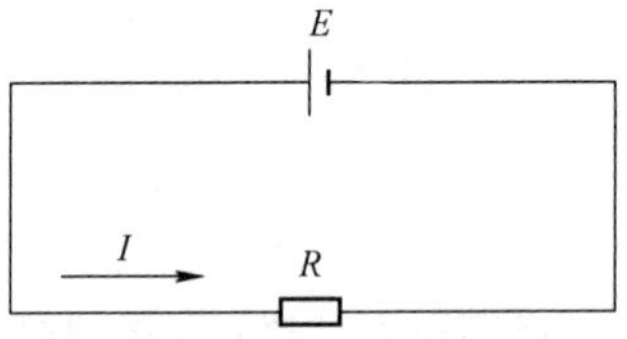

图 2-14　电路图

解：根据欧姆定律得

$$I = U/R = 3/100 = 0.03\ \text{A}$$

二、全电路欧姆定律

一个由电源和负载组成的闭合电路称为全电路，如图 2-15 所示，图中 E 为电源电动势，r 为电源内阻，R 为负载电阻。

全电路欧姆定律的内容：闭合电路中的电流与电源电动势成正比，与电路中的总电阻（内、外电路电阻之和）成反比。用公式表示为

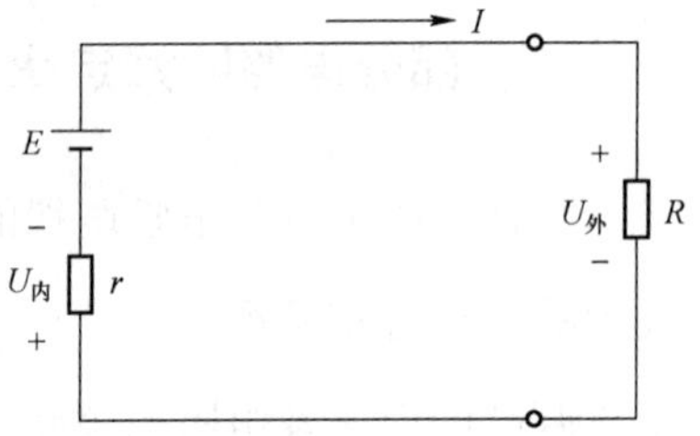

图 2-15　全电路欧姆定律

$$I = E/R + r$$

式中：

I——闭合电路中的电流，单位是安培，符号为 A；

E——电源电动势，单位是伏特，符号为 V；

R——负载电阻，单位是欧姆，符号为 Ω：

r——电源内阻，单位是欧姆，符号为 Ω。

外电路电压又叫路端电压或端电压，$U_{外} = E - Ir$，当电路断开时，$I = 0$，端电压 $U_{外} = E$；当 R 减小时，电流 I 增大，端电压将减小。当 $R = 0$ 时，电路短路，

电流 $I=E/r$ 为短路电流，此时电流很大，可能烧毁电源引起火灾。

例：有一闭合电路，电源电动势 E 为 10 V，内阻 r 为 1 Ω，负载电阻 R 为 9 Ω，试求电路中的电流、负载两端的电压、电源内阻上的压降。

解：根据全电路欧姆定律

$$I=E/(R+r)=10/(9+1)=1\ \text{A}$$

由部分电路欧姆定律，得负载两端电压

$$U_{外}=IR=1\times 9=9\ \text{V}$$

电源内阻上的压降

$$U_{内}=Ir=1\times 1=1\ \text{V}$$

第五节　电能和电功率

一、电能

电流使电灯发光，使电炉丝发热，使电动机运转，说明电流流过一些用电设备时做了功。电流做功的过程就是将电能转换成其他形式的能的过程。电流所做的功称为电能，用符号 W 表示。

如果 a、b 两点间的电压为 U，将电荷量为 Q 的电荷从 a 点移到 b 点时电场力所做的功为

$$W=UQ$$

由于

$$I=Q/t$$

得

$$Q=It$$

则

$$W=UIt$$

式中：

U——加在导体两端的电压，单位是伏特，符号为 V；

I——导体中的电流，单位是安培，符号为 A；

t——通电时间，单位是秒，符号为 s；

W——电能，单位是焦耳，符号为 J。

工程上常用千瓦时（kW・h）做电能的单位，俗称“度”，换算关系为

$$1\ \text{kW}\cdot\text{h}=3.6\times 10^{6}\ \text{J}$$

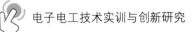

上式表明，电流在一段电路上所做的功，与这段电路两端的电压、电路中的电流和通电时间成正比。

又因为 $$I=U/R$$

所以 $$W=UIt=(U^2/R)t=I^2Rt$$

二、电功率

为描述电流做功的快慢程度，引入电功率这个物理量。电流在单位时间内所做的功叫做电功率。在时间 t 内，电流通过导体所做的功为 W，那么电功率为

$$P=W/t$$

式中：

W——电流所做的功，单位是焦耳，符号为 J；

t——完成这些功所用的时间，单位是秒，符号为 s；

P——电功率，单位是瓦特，符号为 W。

由于 $$W=UIt=(U^2/R)t=I^2Rt$$

所以 $$P=W/t=UI=U^2/R=I^2R$$

在实际中，使用的单位还有千瓦（kW）和毫瓦（mW），它们之间的换算关系是

$$1\ \text{kW}=10^3\ \text{W}；\ 1\ \text{W}=10^3\ \text{mW}$$

例：有一个 220 V、40 W 的电灯，接在 220 V 的电源上，试求通过电灯的电流和电灯在 220 V 电压下工作时的电阻。如果电灯每晚使用 3 h，求一个月（30 天）消耗多少电能？

已知：$U=220$ V，$P=40$ W，$t=3\ \text{h}\times30$ 天 $=90$ h，求：I、R、W。

解：由 $P=UI$ 得

$$I=P/U=40/220=0.18\ \text{A}$$

由 $P=U^2/R$ 可知

$$R=U^2/P=220^2/40=1\ 210\ \Omega$$

由 $P=W/t$ 可知

$$W=Pt=40\times10^{-3}\times90=3.6\text{（度）}$$

第六节　电阻串、并联及其应用

一、电阻的串联电路

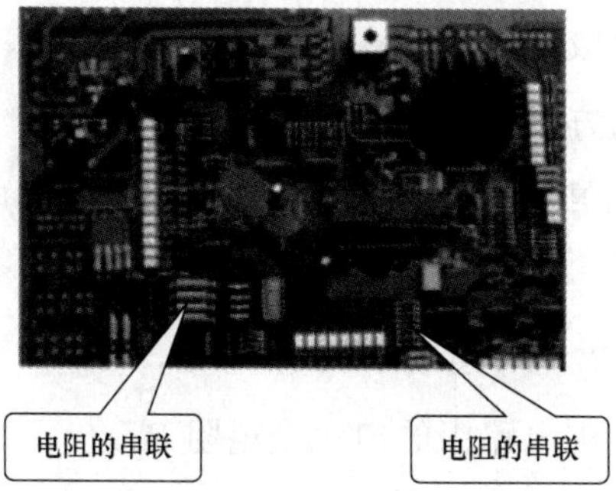

图 2-16　电阻串联的应用

把两个或多个电阻首尾依次联接起来，组成中间无分支的电路，叫做电阻的串联电路，如图 2-17 所示，图中为三个电阻的串联电路。

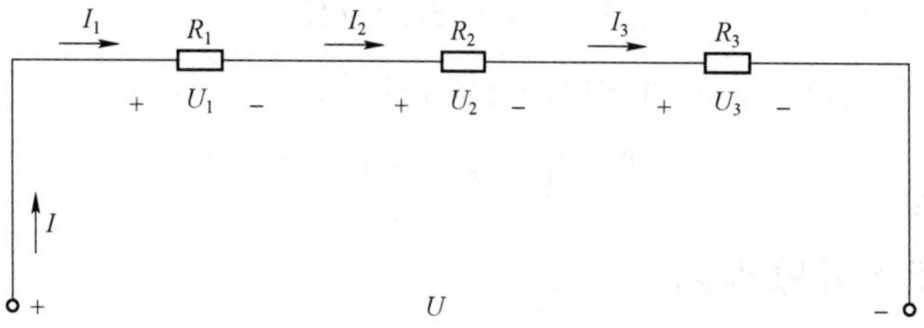

图 2-17　电阻的串联电路

（一）电阻串联的特点（以三个电阻串联为例）

1. 串联电路中电流处处相等。

$$I=I_1=I_2=I_3$$

2. 电路两端的电压等于各串联电阻两端的分电压之和。

$$U=U_1+U_2+U_3$$

3. 电路中的总电阻等于各串联电阻之和。

$$R=R_l+R_2+R_3$$

4. 串联电路消耗的总功率等于各电阻上消耗的功率之和。

$$P=P_1+P_2+P_3$$

5. 串联电路中各电阻上的电压与各电阻的阻值成正比。

(二）串联电路的应用

1. 利用串联电阻的方法来限制电路中的电流。

2. 利用电阻串联组成分压器。

3. 利用串联电阻的方法扩大电压表的量程。

4. 利用电阻与负载串联的方法，减小流过负载的电流，满足负载的使用要求。

例：三个电阻 R_1、R_2、R_3 组成串联电路，$R_1=1\ \Omega$，$R_2=3\ \Omega$，R_2 两端电压为 6 V，总电压 $U=18$ V，求电路中的电流及电阻 R_3。

解：根据欧姆定律

$$I_2=U_2/R_2=6/3=2\ \text{A}$$

串联电路电流处处相等，所以电路中的电流 $I=I_2=2$ A

根据欧姆定律，得总电阻 R 为

$$R=U/I=18/2=9\ \Omega$$

串联电路总电阻等于各串联电阻之和，所以

$$R_3=R-R_1-R_2=9-1-3=5\ \Omega$$

二、电阻的并联电路

把两个或两个以上的电阻分别连接在电路中相同的两点，各个电阻两端承受同一个电压，这种连接方式的电路叫做电阻的并联电路，如图 2-18 所示。

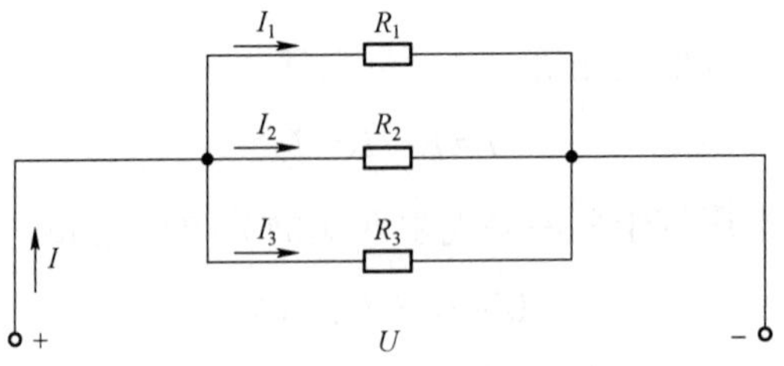

图 2-18　电阻的并联电路

（一）电阻并联的特点（以三个电阻并联为例）

1. 并联电路中各电阻两端的电压相等。

$$U=U_1=U_2=U_3$$

2. 并联电路的总电流等于各支路的电流之和。

$$I=I_1+I_2+I_3$$

3. 并联电路的总电阻的倒数等于各并联电阻倒数之和。

$$1/R=1/R_1+1/R_2+1/R_3$$

4. 并联电路消耗的总功率等于各电阻上消耗的功率之和。

$$P=P_1+P_2+P_3$$

5. 并联电路中各电阻上的电流与各电阻的阻值成反比。

6. 并联电路中各电阻上消耗的功率与各电阻的阻值成反比。

（二）并联电路的应用

并联电路在实际生活中的应用很广泛，用电器只有并联使用，才能在断开或闭合某个用电器时，不会影响其他用电器的正常工作。利用并联电阻的分流原理可以制成多量程的电流表。

例：如图 2-19 所示，有 11 盏额定值为“220 V、100 W”的电灯和 22 盏“220、60 W”的电灯并联到 220 V 的供电线路上，求电路中的总电流。

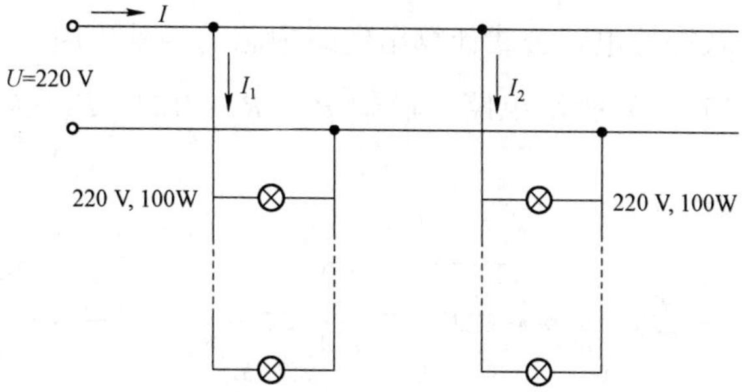

图 2-19　电路图

解“220 V、100 W”的电灯并联后额定电流为

$$I_1'=P_1/U=100/220=5/11\ A$$

11 盏“220 V、100 W”的电灯并联后总电流为

$$I_1=11I_1'=11\times 5/11=5\ A$$

“220 V、60 W”电灯的额定电流为

$$I_2' = P_2/U = 60/220 = 3/11 = 6\ \text{A}$$

22 盏“220 V、60 W”的电灯并联后总电流为

$$I_2 = 22I_2' = 22 \times 3/11 = 6\ \text{A}$$

电路中的总电流为

$$I = I_1 + I_2 = 5 + 6 = 11\ \text{A}$$

（三）电阻的混联电路

既有电阻的串联又有电阻的并联的电路叫做电阻的混联电路，混联电路在实际电路中广为常见。图 2-20 所示电路就是电阻的混联电路。

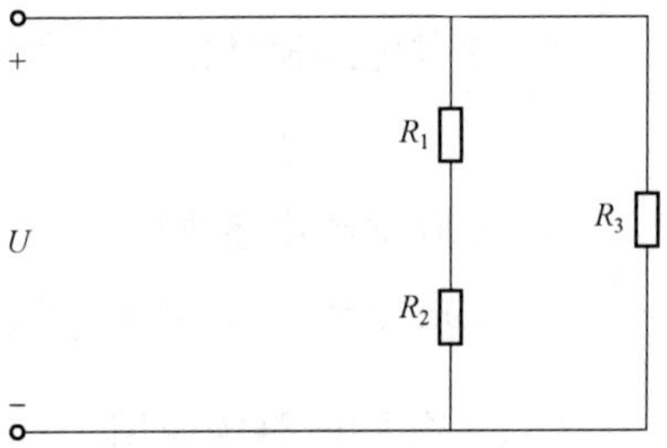

图 2-20　电阻的混联电路

分析混联电路的关键是将不规范的串并联电路按电阻中并联的关系，将电路逐一简化。用等电位分析法解混联电路的方法如下。

1. 确定等电位点，标出相应的符号。（导线、开关、理想的电流表的电阻可忽略不计，可以认为由导线、开关、理想的电流表连接的两端点为等电位点。）

2. 画出串并联关系清晰的等效电路图。

3. 利用串并联等效电阻公式计算出电路中总的等效电阻。

例：如图 2-21（a）所示电路，已知 $R_1 = R_2 = 8\ \Omega$，$R_3 = 4\ \Omega$，求等效电阻 R_{AB}。

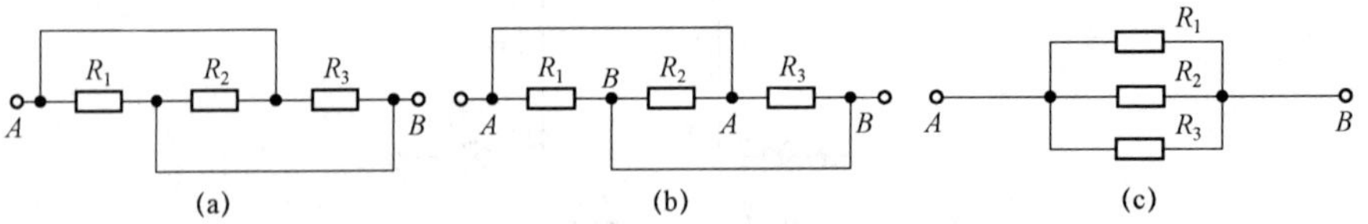

图 2-21　电路图

分析：先在电路图中标出等电位点，由图 2-23（b）所示可知，三个电阻都接在了 A、B 之间，所以三个电阻为并联关系，如图 2-21（c）所示。

解：$1/R_{AB} = 1/R_1 + 1/R_2 + 1/R = 1/8 + 1/8 + 1/4 = 1/2$　　　$\therefore R_{AB} = 2\ \Omega$

第七节　基尔霍夫定律

不能用串并联的分析方法化简成无分支的单回路的电路，称为复杂电路。复杂电路可用基尔霍夫定律来分析。

在学习威尔霍夫定律之前先介绍电路中的几个名称。

支路：由一个或几个元件组成的分支电路叫支路。支路数用 b 表示，同一支路上电流处处相等。

如图 2-22 所示，有 ab、adb、acb 三条支路，支路数为 $b=3$，其中 ab 不含电源，是无源支路，adb、acb 之路中含有电源，是有源支路。

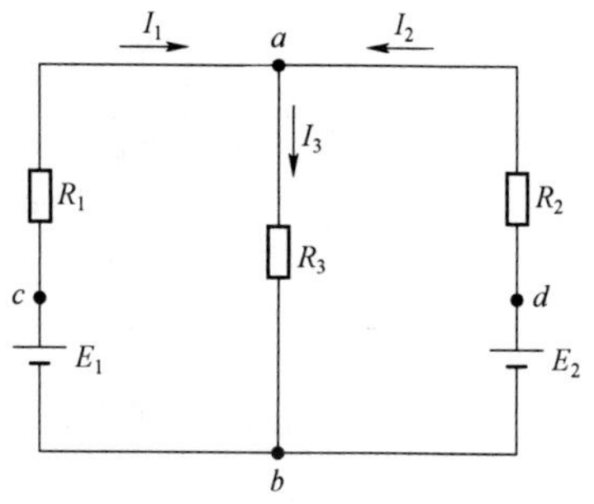

图 2-22　复杂电路

节点：三条或三条以上支路的联接点叫节点。节点数用 n 表示。如图 2-22 所示，电路中的 a 点和 b 点，节点数为 $n=2$。

回路：电路中任何一个闭合的路径叫做回路。回路数用 m 表示。如图 2-22 所示，$abca$、$adba$、$adbca$ 都是回路，回路数 $m=3$。

网孔：电路中不能再分的回路称为网孔，如图 2-22 所示，回路 $abca$、回路 $adba$ 都是网孔。网孔即最简单的回路。

一、基尔霍夫第一定律（KCL）——节点电流定律

基尔霍夫第一定律也叫做节点电流定律，是用来确定连接在同一个节点上的各支路电流的关系的。内容是：对于电路中的任一节点来说，在任一时刻，流入节点的电流之和等于流出节点的电流之和。表达式为

$$\sum I_{入}=\sum I_{出}$$

如图 2-23 所示电路中，I_1、I_3 流入节点 A，I_2、I_4 流出节点 A，根据基尔霍夫第一定律则有

$$I_1+I_3=I_2+I_4$$

或

$$I_1+I_3-I_2-I_4=0$$

通常规定流入节点的电流为正值，流出节点的电流为负值。则基尔霍夫第一

定律也可以写成

$$\sum I=0$$

在任一时刻，通过电路中任一节点的电流代数和恒等于零。

基尔霍夫第一定律也可以推广到某一个封闭面，如图 2-24 所示电路，广义节点的电流方程为 $I_B+I_C-I_E=0$。

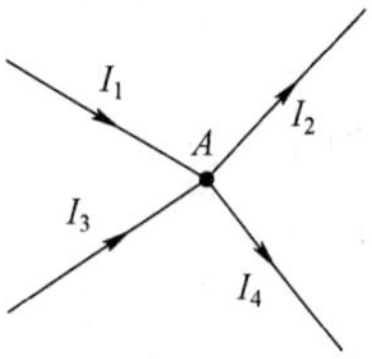

图 2-23　基尔霍夫第一定律

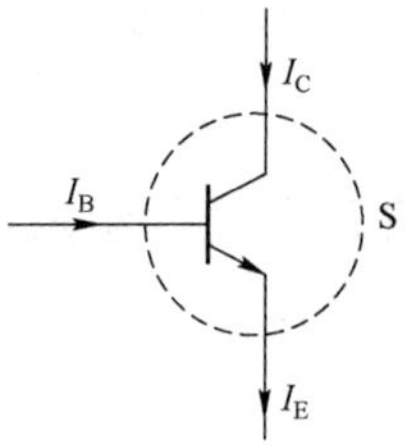

图 2-24　广义节点

二、基尔霍夫第二定律（KVL）——回路电压定律

基尔霍夫第二定律也叫回路电压定律，是用来确定一个回路中各段电压之间关系的。内容是：对于任一回路，沿回路绕行方向上各段电压的代数和恒等于零。表达式为

$$\sum U=0$$

例：如图 2-25 所示电路，各段支路电流方向已经标出，已知 $I_1=-2$ A，$I_2=2$ A，$I_3=-4$ A，$I_4=4$ A，$E_1=6$ V，$E_2=10$ V，$R_1=5\ \Omega$，$R_2=1\ \Omega$，$R_4=1\ \Omega$，试求 R_3 及各支路电压 U_{ab}、U_{bc}、U_{cd}、U_{da}。

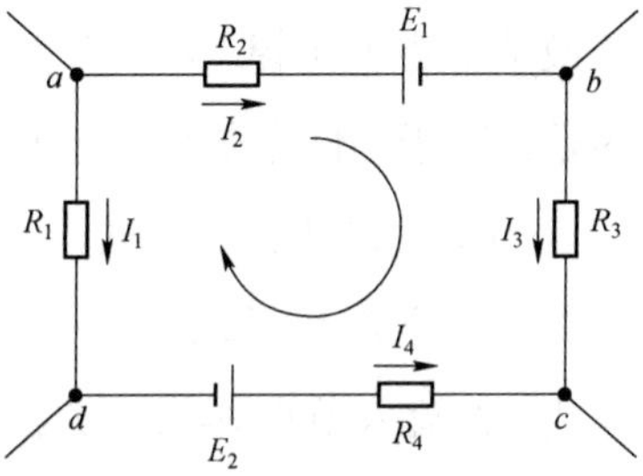

图 2-25　电路图

解：假定回路绕行方向为顺时针，根据基尔霍夫第二定律列出回路电压方程

$$E_1+I_2R_2+I_3R_3-I_4R_4+E_2-I_1R_1=0$$

代人已知

$$6+2\times1+(-4)\times R_3-4\times1+10-(-2)\times5=0$$

得

$$R_3=6\ \Omega$$

所以

$$U_{ab}=E_1+I_2R_2=6+2\times1=8\ \text{V}$$

$$U_{bc}=I_3R_3=(-4)\times6=-24\ \text{V}$$

$$U_{cd}=-I_4R_4+\text{E}_2=-4\times1+10=6\ \text{V}$$

$$U_{ba}=-I_1\text{R}_1=-(-2)\times5=10\ \text{V}$$

应用 KVL 列回路电压方程应注意：

（1）任意选定电流的参考方向；

（2）任意选定回路的绕行方向；

（3）确定各段电压的参考方向，规定电压的参考方向与回路的绕行方向一致时取正，相反时取负。

第三章

单相正弦交流电路

日常生活用电、照明用电、家用电器供电、工厂生产供电、城市照明用电等，到处都使用正弦交流电。正弦交流电也是电工学中最重要的知识之一。

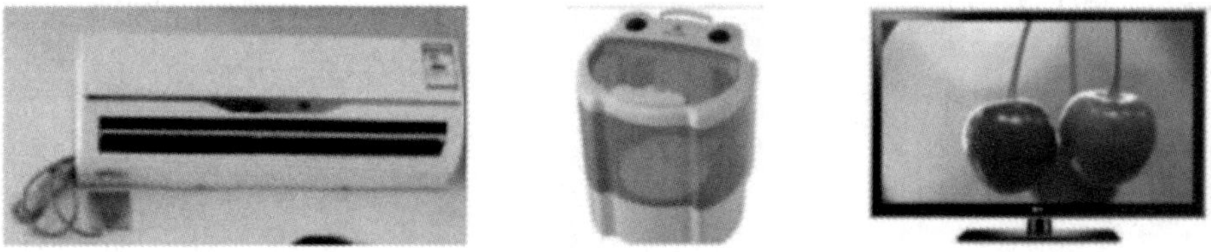

图 3-1　正弦交流电在家用电器中的使用

第一节　正弦交流电的认识

一、正弦交流电的产生

很多正弦交流电动势都是由交流发电机产生的。如图 3-2 所示，它是由一对磁极和一个转子线圈组成的，在外力作用下使转子线圈在磁场中做匀速转动，观察电流表的指针，发现指针随着线圈的转动而摆动，并且线圈每转动一周，指针左右摆动一次。这说明转动的线圈产生了感应电流，感应电流的大小和方向随着时间做周期性的变化。这种大小和方向都随时间做周期性变化的电

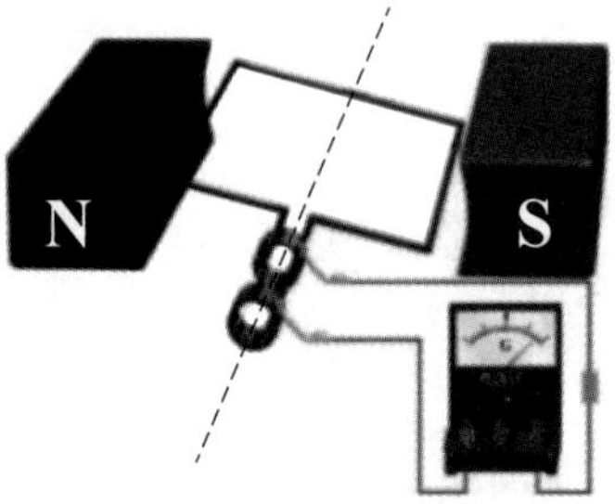

图 3-2　正弦交流电的产生

流称为交流电。

假设线圈位置与中性面的夹角为ϕ_0，线圈转动的角速度为 ω，单位为 rad/s，经过时间 t 后，线圈转过的角度为 ωt，则线圈在某一瞬间产生的感应电动势为 $e=E_m\cdot\sin(\omega t+\phi_0)$。

二、正弦交流电的三要素

正弦交流电包含三个要素：最大值（瞬时值、有效值）、周期（频率、角频率）、初相位（相位、相位差）。

（一）最大值（瞬时值、有效值）

1. 瞬时值。交流电在某一时刻的值称为瞬时值。瞬时值用小写字母表示，如 i、u、e 分别表示电流、电压、电动势的瞬时值。

2. 最大值。瞬时值中最大的值称为最大值，又称幅值或峰值，用带下标 m 的大写字母表示，如 I_m、U_m、E_m，分别表示电流、电压、电动势的最大值（幅值）。

3. 有效值。为衡量交流电做功的能力，引入了“有效值”的概念。将一直流电流和一交流电流分别通过同一电阻，如果在相同的时间内产生了相同的热量，就把这个直流电流的数值定义为该交流电流的有效值。有效值用表示直流的大写字母表示，如 I、U、E 分别表示电流、电压、电动势的有效值。

最大值与有效值的关系为

$$\text{有效值}=\text{最大值}/\sqrt{2}$$

即

$$U=U_m/\sqrt{2}=0.707U_m$$
$$E=E_m/\sqrt{2}=0.707E_m$$
$$I=I_m/\sqrt{2}=0.707I_m$$

交流电压、交流电流的大小，测量仪器仪表所指示的电压值、电流值都指的是有效值。电气设备铭牌上的额定值也是有效值。而家用电器铭牌上标注的耐压值则是最大值。

（二）周期（频率、角频率）

正弦交流电的周期、频率、角频率三要素都反映交流电变化的快慢。

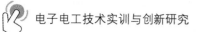

1. 周期。交流电完成一次周期性变化所需要的时间叫做周期。用字母 T 表示，单位为秒（s），常用的单位还有毫秒（ms）、微秒（μs）等，它们之间的换算关系为

$$1\ s = 10^3\ ms;\ 1\ ms = 10^3\ \mu s$$

2. 频率。交流电 1 s 内完成周期性变化的次数叫做频率。用字母 f 表示，单位为赫兹（Hz）。常用的单位还有千赫（kHz）、兆赫（MHz）等。它们之间的换算关系为

$$1\ kHz = 10^3\ Hz;\ 1\ MHz = 10^3\ kHz$$

周期与频率互为倒数关系，即

$$f = 1/T \text{ 或 } T = 1/f$$

我国农业生产和生活所用的交流电频率都是 50 Hz，$f = 50$ Hz 的交流电称为工频交流电。

3. 角频率。交流电每秒内变化的电角度叫做角频率。用字母 ω 表示，单位为弧度/秒（rad/s）。

角频率 ω、周期 T 和频率 f 三者之间的关系为

$$\omega = 2\pi/\mathrm{T} = 2\pi f$$

（三）初相位（相位、相位差）

1. 相位和初相位。交流电在 t 时刻所对应的电角度叫做相位。用 $\phi = (\omega t + \phi_0)$ 来表示。

$t = 0$ 时的相位叫做初相位，简称初相。用字母 ϕ_0 表示。它反映了正弦交流电在 $t = 0$ 时刻的瞬时值的大小。

2. 相位差。两个同频率的交流电的相位之差叫做相位差。用 $\Delta\phi$ 表示，即 $\Delta\phi = \phi_2 - \phi_1$。

设两个同频率的正弦交流电分别为 $i_1 = I_{m1}\mathrm{Sin}(\omega t + \phi_1)A$、$i_2 = I_{m2}\sin(\omega t + \phi_2)\mathrm{A}$。根据相位差可以确定两个同频率的正弦交流电的相位关系，一般有以下几种。

（1）超前、滞后

如果 $0 < \Delta\phi = \phi_2 - \phi_1 < 180°$，则称 i_2 超前 i_1，或者说 i_1 滞后 i_2。如图 3-3（a）所示。

（2）同相

如果$\Delta\phi=\phi_2-\phi_1=\pi$，则称两者同相。如图 3-3（b）所示。

（3）反相

如果$\Delta\phi=\phi_2-\phi_1=\pi$ 则称两者反相。如图 3-3（c）所示。

（4）正交

如果$\Delta\phi=\phi_2-\phi_1=\pi/2$，则称两者正交。如图 3-3（d）所示。

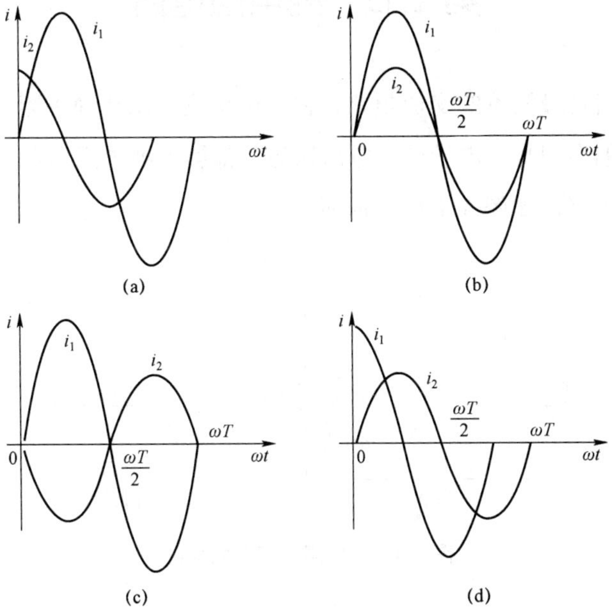

图 3-3　超前（滞后）及同相、反相和正交波形图

注意：两个频率不相同的正弦交流电之间不存在相位差的概念。

例：已知两个正弦交流电流分别为$i_1=4\sqrt{2}\sin[314t+(\pi/3)]$A、$i_2=6\sqrt{2}\sin(314t+\pi/6)$A，求：（1）各电流的最大值和有效值；（2）周期、频率；（3）相位、初相位；（4）说明 i_1、i_2之间的相位关系。

解：由 $i_1=4\sqrt{2}\sin[314t+(\pi/3)]$A、$i_2=6\sqrt{2}\sin(314t+\pi/6)$A 的表达式可知

（1）最大值 $I_{m1}=4\sqrt{2}$ A，$I_{m2}=6\sqrt{2}$ A。

有效值 $I_1=4\sqrt{2}/\sqrt{2}=4$A，$I_2=6\sqrt{2}/\sqrt{2}=6$A。

（2）周期 $T_1=2\pi/\omega_1=(2\times3.14)/314=0.02$ s，$T_2=2\pi/\omega_2=(2\times3.14)/314=0.02$ s

频率 $f_1=1/T_1=1/0.02=50$ Hz，$f_2=1/T_2=1/0.02=50$ Hz

（3）相位$\phi_{01}=314t+\pi/3$，$\phi_{02}=314\text{t}+\pi/6$。

初相位$\phi_{01}=\pi/3$，$\phi_{02}=\pi/6$。

（4）相位关系$\Delta\phi=\phi_2-\phi_1=\pi/6-\pi/3=\pi/6$，$i_2$ 滞后 $I_1\pi/6$（或者说 i_1 超前 $i_2\pi/6$）。

交流电路的负载一般是电阻、电感、电容或它们的组合，下面研究单一参数的正弦交流电路，确定电压、电流之间的数值关系、相位关系及功率。

第二节　纯电阻电路

纯电阻电路是最简单的交流电路，它是由交流电源和纯电阻元件构成的。例如日常生活中的白炽灯、电炉子、电烙铁等，都属于纯电阻负载，它们与交流电源组成纯电阻电路，如图 3-4（a）所示。

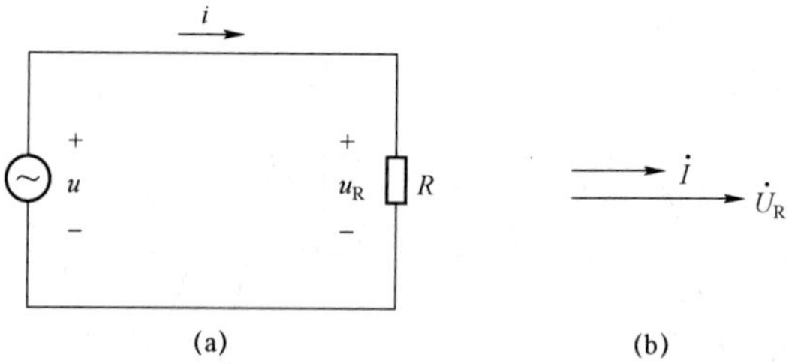

图 3-4　纯电阻电路及向量图

一、电压与电流的关系

假设加在电阻两端的交流电压为 $U_R=U_{Rm}\sin\omega t$V。

（一）数量关系

实验证明，在纯电阻交流电路中，电压与电流的有效值、最大值和瞬时值都服从欧姆定律，即

$$I=U/R \text{ 或 } I_m=U_m/R \text{ 或 } i=u/R$$

（二）相位关系

在纯电机电路中，$i=u_R/R$ 或 $U_{Rm}\sin\omega t/R=U_{Rm}/R\sin\omega t$A，电流 i 与电压 U_R 是同频率、同相位的正弦量，如图 3-4b 所示。

二、功率

在交流电路中，电压和电流都是瞬时变化的，任一瞬间电压与电流的瞬时值的乘积称为瞬时功率，用 P_R 表示，即 $P_R=u_Ri$。瞬时值也是随时间变化的，但是瞬时功率的计算和测量很不方便，为了反映电阻所消耗功率的大小，在工程上常用平均功率（有功功率）表示。所谓有功功率，就是瞬时功率在一个周期内的平均值，用大写字母 P 表示，单位为瓦特（W）。电压、电流用有效值表示，有功功率即

$$P=U_RI=I_2R=U_R^2/R$$

通过以上学习，在纯电阻电路中，得出结论：

1. 电压与电流的瞬时值、有效值和最大值之间，都服从欧姆定律；

2. 电流和电压同相；

3. 平均功率等于电流有效值与电阻两端电压有效值的乘积。

例：一个“220 V、100 W”的白炽灯，接在电压为 $u=220\sqrt{2}\sin(314t)$V 的电源上，求：（1）流过白炽灯的电流；（2）交流电的频率；（3）写出电流的瞬时值表达式。

解：由电压表达式 $u=220\sqrt{2}\sin(314t)$V

可知电压最大值 $U_m=220\sqrt{2}$ V，$\omega=314$rad/s，$\phi_0=0$

（1）电压有效值 $U=U_m/\sqrt{2}=220\sqrt{2}/\sqrt{2}=220$ V，

根据欧姆定律，可得流过白炽灯的电流为

$$I=P/U=100/220=5/11\ \text{A}\approx0.455\ \text{A}$$

（2）交流电的频率为 $f=\omega/2\pi=314/(2\times3.14)=50$ Hz

（3）在纯电阻电路中，由于电流与电压同频率即 $f=50$ Hz，同相位即 $\phi_0=0$，电流的最大值 $I_m=\sqrt{2}$ I= $\sqrt{2}\times0.455\approx0.64$ A。

电流的瞬时值表达式为

$$i=0.64\sin(314t)\text{A}$$

第三节　纯电感电路

纯电感电路是一个忽略了电阻的空心线圈与交流电源联接组成的理想电路。

实际的电感线圈都有一定的电阻，当电阻很小，可以忽略不计时，电感线圈与交流电源组成的电路可以视为纯电感电路，如图 3-5（a）所示。

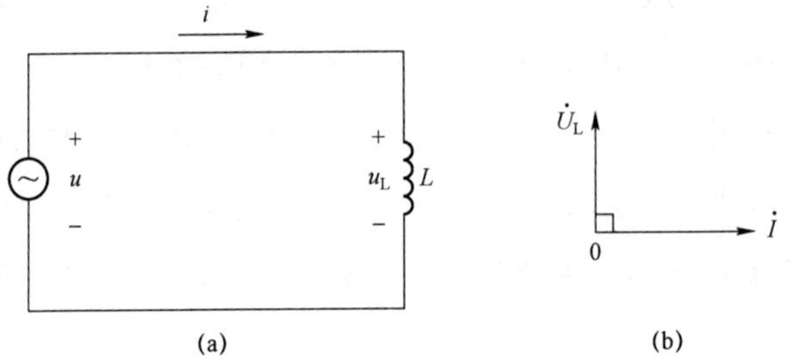

图 3-5　纯电感电路及向量图

感抗：线圈对通过的交流电所呈现的阻碍作用叫做感抗。用 X_L 表示，单位为欧姆，符号为 Ω。表达式为

$$X_L = \omega L = 2\pi f L$$

式中：

L——线圈的电感，单位是亨，符号为 H；

ω——交流电的角频率，单位是弧度每秒，符号为 rad/s；

f——交流电的频率，单位是赫兹，符号为 Hz。

感抗与交流电的频率 f 和电感 L 成正比。频率越高，感抗越大。在直流电路中，由于频率为零，所以感抗也为零，即电感在直流电路中相当于短路。因此，电感有“通直流，阻交流，通低频，阻高频”的特性。

一、电压与电流的关系

（一）数量关系

在纯电感电路中，保证正弦交流电源频率一定的情况下，任意改变信号的电压值，电压与电流成正比，或者说电压与电流的有效值和最大值服从欧姆定律，即

$$I = U_L / X_L \text{ 或 } I_{Lm} = U_{Lm} / X_{Lm}$$

（二）相位关系

经实验表明，纯电感电路中，电感两端的电压超前电流 π/2，向量图如图 3-5

（b）所示。

二、功率

由于电感元件是一种储能元件，在纯电感电路中，电感元件不消耗电源的任何能量，只是与电源进行着能量的交换。所以，纯电感电路的有功功率为零，即 $P=0$。

为了反映出纯电感电路中能量的相互转化，把单位时间内能量转换的最大值（即瞬时功率的最大值），叫做无功功率，用符号 Q_L 表示，单位是乏，符号 var。无功功率的表达式为

$$Q_L=U_LI \text{ 或 } Q_L=U_L^2/X_L=I^2X_L$$

注意：无功功率中的“无功”，是相对于“有功”而言的，含义是“交换”，绝不能理解为“消耗”或是“无用”。

通过以上学习，在纯电感电路中，得出结论。

1. 电压与电流的最大值和有效值之间，都服从欧姆定律。

2. 电压超前同频率的电流小。

3. 电感是储能元件，有功功率为零，无功功率等于电流有效值与电感两端电压有效值的乘积。

例：有一个电感为 2.2×10^{-3} H 的电感线圈，将它接在电压有效值为 220 V，角频率为 10^5 rad/s 的交流电源上，试求：（1）线圈的感抗；（2）通过线圈的电流的有效值。

解：（1）线圈的感抗为

$$X_L=\omega L=10^5\times2.2\times10^{-3}=220\ \Omega$$

（2）通过线圈的电流的有效值为

$$I=U/X_L=220/220=1\text{ A}$$

第四节　纯电容电路

纯电容电路是由一个可以忽略损耗的电容和一个交流电源组成的电路，如图 3-6（a）所示。

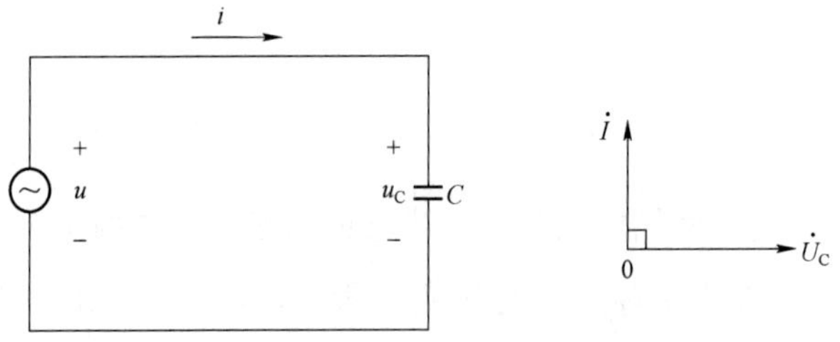

(a) (b)

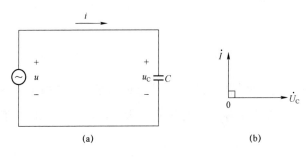

图 3-6 纯电容电路及向量图

容抗：电容器对通过的交流电所呈现的阻碍作用叫做容抗。用 X_C 表示，单位为欧姆，符号为 Ω，表达式为

$$X_C = 1/\omega C = 1/2\pi fC$$

式中：

C——电容容量，单位是法拉，符号为 F；

ω——交流电的角频率，单位是弧度每秒，符号为 rad/s；

f——交流电的频率，单位是赫兹，符号为 Hz。

容抗与交流电的频率 f 和电容 C 成反比。频率越高，容抗越小，频率越低，容抗越大。在直流电路中，频率为零，容抗为无穷大，即电感在直流电路中相当于开路。因此，电容器有“通交流，隔直流，通高频，阻低频”的特性。

一、电压与电流的关系

（一）数量关系

在纯电容电路中，保证正弦交流电源频率一定的情况下，任意改变信号的电压值，电压与电流成正比，或者说电压与电流的有效值和最大值服从欧姆定律，即

$$I = U_C/X_C \text{ 或 } I_{Cm} = U_{Cm}/X_C$$

（二）相位关系

经实验表明，纯电容电路中，电容两端的电压滞后电流 π/2，向量图如图 3-6（b）所示。

二、功率

由于电容器是一种储能元件，在纯电容电路中，电容器不消耗电源的任何能量，只是与电源进行着能量的交换。所以，纯电容电路的有功功率为零，即 $P=0$。

为了反映出纯电容电路中能量的相互转化，把瞬时功率的最大值叫做纯电容电路的无功功率，用符号 Q_C 表示，单位是乏，符号 var。无功功率的表达式为

$$Q_C=U_CI \text{ 或 } Q_C=U_C^2/X_C=I^2X_C$$

通过以上学习，在纯电容电路中，得出结论。

1. 电压与电流的最大值和有效值之间，都服从欧姆定律。

2. 电压滞后同频率的电流 π/2。

3. 电容是储能元件，它不消耗电功率，有功功率为零，无功功率等于电流有效值与电容器两端电压有效值的乘积。

例：把一个电容量 $C=5.58\ \mu F$ 的电容器，接在电压为 220 V、频率为 50 Hz 的电源上，试求：（1）电容器的容抗；（2）流过电容费的电流的有效值。

解：（1）$f=50$ Hz，则电容器的容抗为

$$X_C=1/2\pi fC=1/2\times3.14\times50\times58.5\times10^{-6}\approx5.44\ \Omega$$

（2）电流的有效值为

$$I=U/X_C=220/5.44\approx40.4\text{ A}$$

第五节　RL 串联电路

RL 串联电路是由线圈和电阻组成的电路，日光灯是最常见的 RL 串联电路。如图 3-7（a）所示。

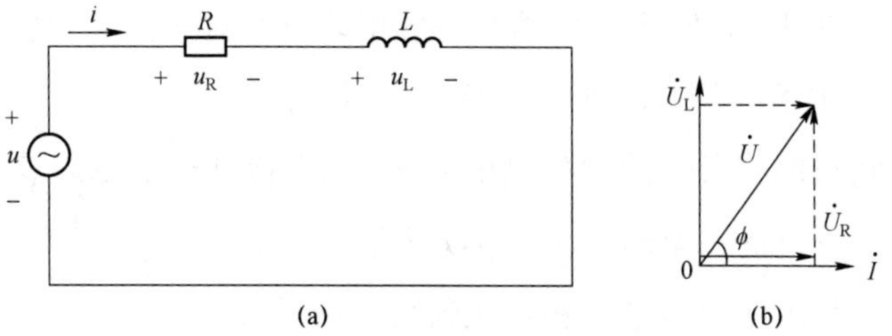

图 3-7　RL 串联电路及向量图

一、电压与电流的相位关系

如图 3-7（a）所示，设电路中的电流 $i=I_m\sin(\omega t)$ A，由前面所学知识可知电阻两端的电压 $u_R=U_{Rm}\sin(\omega t)$ V，电感两端的电压 $u_L=U_{Lm}\sin(\omega+\pi/2)$ V，画出向量图如图 3-7（b）所示。根据向量加法运算可知，串联电路总电压 U、电阻两端电压 U_R、电感两端电压 U_L，三者之间构成了一个直角三角形，称为电压三角形。如图 3-8 所示。

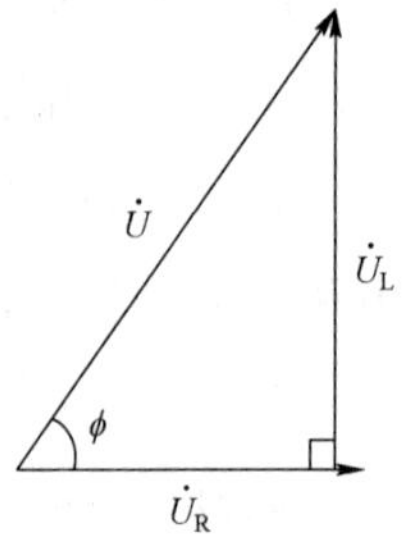

图 3-8　电压三角形

则总电压为

$$U=\sqrt{(U_R^2+U_L^2)}$$

且总电压超前电流

$$\Phi=\arctan U_L/U_R$$

二、电压与电流的数量关系

在纯电阻电路中，$U_R=IR$，纯电感电路中 $U_L=IX_L$，由 $U=\sqrt{(U_R^2+U_L^2)}$ 得

$$U=\sqrt{(U_R^2+U_L^2)}=U=\sqrt{(IR)^2+(IX_L)^2}+I\sqrt{(R^2+X_L^2)}$$

所以有

$$I=U/\sqrt{(R^2+X_L^2)}=U/Z$$

式中：

I——总电流的有效值，单位是安.符号为 A；

U——总电压的有效值，单位是伏，符号为 V；

Z——电路的阻抗，单位是欧姆，符号为 Ω。

$$Z=\sqrt{(R^2+X_L^2)}$$

Z 表示电路的阻抗，它表示电阻和电感串联电路对交流电的总的阻碍作用。阻抗 Z 的大小决定于电阻 R、电感 L 及电源频率 f。

将电压三角形的三条边同时除以电流 I，就可得到电阻 R、感抗 L、阻抗 Z 构成的三角形——阻抗三角形，如图 3-9 所示。

阻抗三角形和电压三角形是相似三角形。所以有

$$\phi=\arctan X_L/R$$

ϕ为阻抗角，其大小只与电路参数 R、L 和电源频率 f 有关。

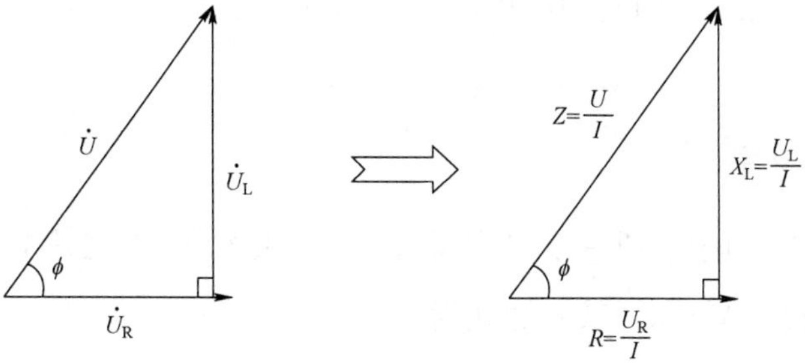

图 3-9　阻抗三角形

三、RL 串联电路的功率

将电压三角形的三条边同时乘以 I，就可以等到由有功功率、无功功率和视在功率组成的三角形——功率三角形。如图 3-10 所示。

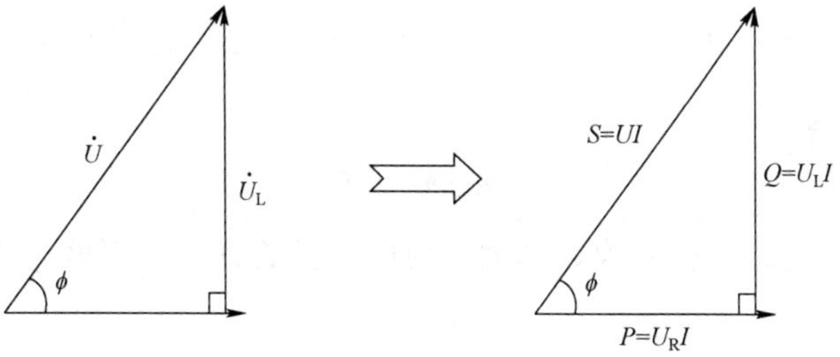

图 3-10　功率三角形

（一）有功功率

电阻消耗的功率为电路中的有功功率，它等于电阻两端的电压 U_R 与电路中的电流的乘积。

$$P=U_RI=I^2R=U_R^2/R$$

因为 $U_R=UI\cos\phi$，所以有功功率

$$P=UI\cos\phi$$

（二）无功功率

在 RL 串联电路中，只有电感在和电源进行着能量交换。它等于电感两端的电压 U_L 与电路中的电流 I 的乘积。

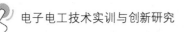

$$Q = U_L I = I + X_L = U_L^2 / X_L$$

因为 $U_L = U\sin\phi$，所以无功功率

$$Q = UI\sin\phi$$

（三）视在功率

视在功率表示电源提供的最大的功率，又叫做容量。视在功率用字母 S 表示，单位为伏安，符号 V·A，其表达式为

$$S = UI$$

由功率三角形可得

$$S = \sqrt{(P^2 + Q^2)}$$

阻抗角的大小为

$$\phi = \arctan Q/P$$

（四）功率因数

为了反映电源的利用率，把有功功率与视在功率的比值叫做功率因数，用 $\cos\phi$表示。

$$\cos\phi = P/S$$

视在功率一定时，功率因数越大，用电设备的有功功率就越大，电源的利用率就越高。

提高功率因数的意义可归结为两大方面：一是提高供电设备的能量利用率；二是减小输电线路上的能量损失。

提高功率因数的方法常采用以下两种：一是提高用电设备本身的功率因数；二是在感性负载两端并联适当的电容器。

第六节　RLC 串联电路

电阻 R、电感 L 和电容 C 串联组成的电路，叫做 RLC 串联电路，是实际工作中常见的典型电路。RLC 串联电路如图 3-11 所示。

一、电压与电流间的相位关系

设依 RLC 串联电路中的电流为

$$i = I_m \sin\omega t$$

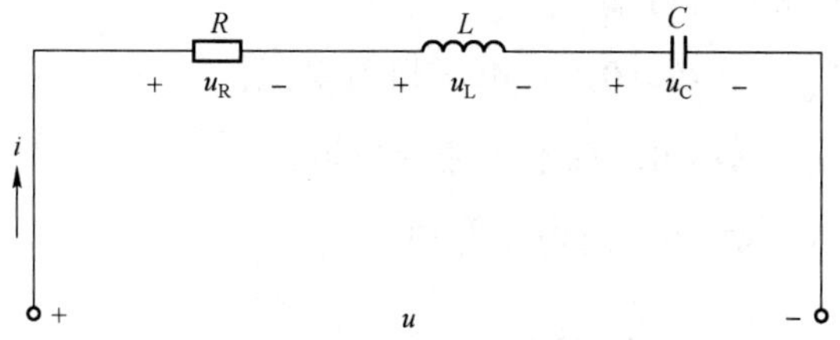

图 3-11　RLC 串联电路

因为电阻两端电压与电流同相位，则

$$u_R = I_m R \sin\omega t$$

因为电感两端电压超前电流 π/2，则

$$u_L = I_m X_L \sin(\omega t + \pi/2)$$

因为电容两端电压滞后电流 π/2，则

$$u_c = I_m X_C \sin(\omega t - \pi/2)$$

电路中的总电压的瞬时值等于各个电压瞬时值之和，即

$$u = u_R + u_L + u_C$$

向员关系为

$$\dot{U} = \dot{U}_R + \dot{U}_L + \dot{U}_C$$

画出向量图，如图 3-12 所示。

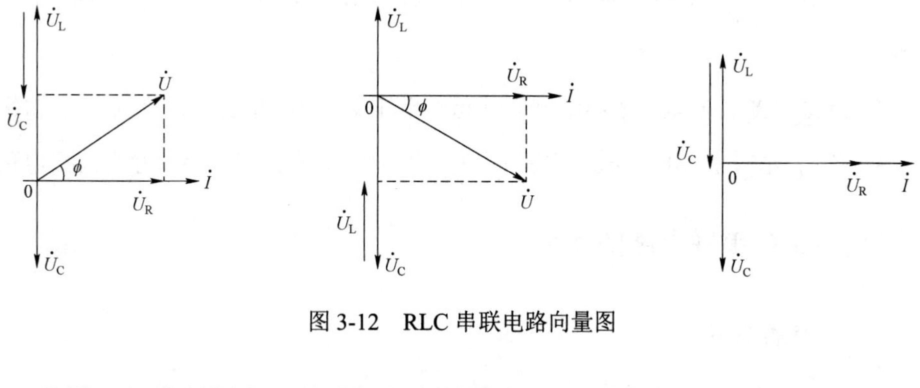

图 3-12　RLC 串联电路向量图

从图 3-12 向量图中可以看出，总电压 U 与各分电压之间的关系为

$$U = \sqrt{[U_R^2 + (U_L - U_C)^2]}$$

总电压与电流之间的相位差为

$$\Phi = \arctan U_L - U_C/U_R$$

由图 3-12 向量图分析可知：

当（a）$U_L > U_C$时，$\Phi > 0$，总电压超前电流；

当（b）$U_L < U_C$，$\Phi < 0$，总电压滞后也流；

当（c）$U_L = U_C$，$\Phi = 0$，总电压与电流同相。

二、电压与电流间的数量关系

在纯电阻电路中，$U_R = IR$，纯电感电路中 $U_L = IX_L$，在纯电容电路中 $U_C = IX_C$，在 RLC 串联电路中打得总电压为

$$U = \sqrt{U_R^2 + (U_L - U_C)^2} = \sqrt{[(IR)^2 + (IX_L - IX_C)^2]} = I\sqrt{[R^2 + (X_L - X_C)^2]} = I\sqrt{R^2 + X^2}$$

其中 $Z = \sqrt{R^2 + X^2}$，则可得电压与电流间的数量关系为 $I = U/Z$。

上式说明，在 RLC 串联电路中，电流与总电压之间也符合欧姆定律。$Z = \sqrt{R^2 + X^2}$ 叫做阻抗，表示 RLC 串联电路对交流电的总的阻碍作用，单位为欧姆，符号为Ω。阻抗也符合阻抗三角形的关系。

$X = X_L - X_C$ 叫做电抗，单位为欧姆，符号为Ω。总电压与电流间的阻抗角为

$$\Phi = \arctan U_L - U_C/U_R = \arctan(X_L - X_C/R) = \arctan X/R$$

由上式可知，阻抗角的大小决定于电路参数 R、L 和 C 以及电源频率，电抗 X 的值决定了电路的性质：

1. 当 $X_L > X_C$，$X > 0$，$\phi > 0$，电压 u 超前电流 i，电路呈感性，称为感性电路；

2. 当 $X_L < X_C$，$X < 0$，$\phi < 0$，电流 i 超前电压 u，电路呈容性，称为容性电路；

3. 当 $X_L = X_C$，$X = 0$，$\phi = 0$，电流 i 与电压 u 同相，电路呈阻性，称为谐振电路。

三、RLC 串联电路的功率

（一）有功功率

在串联电路中，只有电阻 R 是耗能元件，因此电阻消耗的功率就是该电路的有功功率，即

$$P = U_R I = I^2 R = U^2/R = UI\cos\phi$$

（二）无功功率

在 RLC 串联电路中，电感 L 和电容 C 都与电源进行能量交换，所以都有无功功率，即

$$Q = Q_L - Q_C = _{UL}I - U_C I = (U_L - U_C)I = UI\sin\phi$$

（三）视在功率

由视在功率定义可知，$S = UI$，单位为伏安（VA）。根据功率三角形得

$$S = \sqrt{(P^2 + Q^2)} = \sqrt{[P^2 + (Q_L - Q_C)^2]}$$

阻抗角

$$\phi = \arctan Q_L - Q_C/P = \arctan Q/P$$

第七节　串联谐振电路

由谐振定义可知，RLC 串联电路发生谐振的条件是

$$X_L = X_C$$

即

$$\omega L = 1/\omega C$$

设谐振时频率为 f_0，则

$$2\pi f_0 L = 1/2\pi f_0 C$$

所以谐振频率为

$$f_0 = 1/2\pi\sqrt{LC}$$

谐振特点：

1. 串联谐振时，电路阻抗最小，电流最大，呈电阻性

$$Z_0 = \sqrt{[R^2 + (X_L - X_C)^2]} = R$$

$$I_0 = U/Z_0 = U/R$$

2. 电感和电容两端的电压相等，大小为总电压的 Q 倍，即

$$U_L = I_0 X_L = U/R\omega_0 L = U(\omega_0 L)/R = QU$$

$$U_C = I_0 X_C = (U1)/R\omega_0 C = U(1/R\omega_0 C) = QU$$

$$U_L = U_C = QU$$

$$Q = \omega_0 L/R = 1/\omega_0 CR$$

电感和电容两端的电压相等，且都等于总电压的 Q 倍。所以串联谐振也叫电压谐振。

技能性实训

荧光灯电路的安装

一、实训目的

1. 了解荧光灯的工作原理，学习荧光灯的安装方法。
2. 掌握提高功率因数的方法，理解提高功率因数的意义。
3. 熟悉交流仪表的使用方法。

二、实训器材

荧光灯管、电路板、万用表。

三、实训指导

（一）荧光灯电路的组成

电路由荧光灯管、镇流器、启辉器组成，原理电路图如图 3-13 所示。

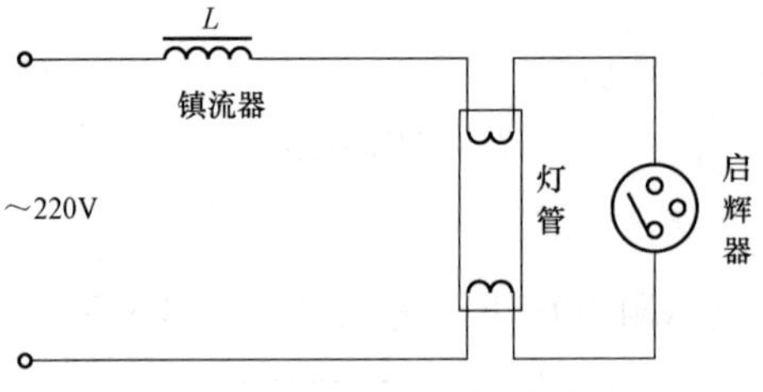

图 3-13　荧光灯原理电路图

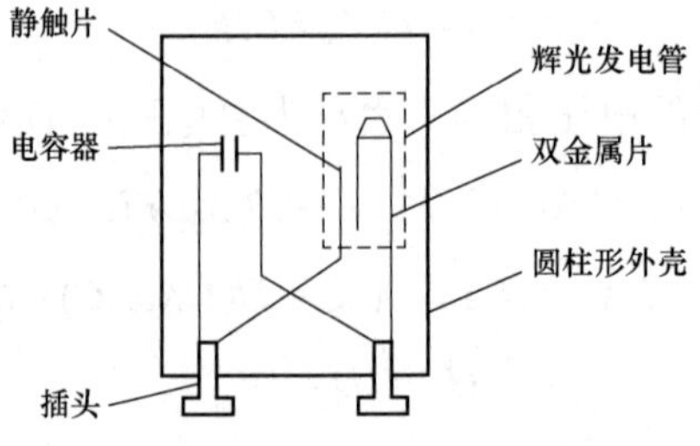

图 3-14　启辉器结构图

1. 荧光灯管：荧光灯管是一支细长的玻璃管，其内壁涂有一层荧光粉薄膜，在荧光灯管的两端装有钨丝，钨丝上涂有受热后易发射电子的氧化物。荧光灯管内抽成真空后，充有一定量的惰性气体和少量的汞气（水银蒸汽）。惰性气体有利于荧光灯的启动，并延长灯管的使用寿命；水银蒸汽作为主要的导电材料，在放电时产生紫外线激发荧光灯管内壁的荧光粉转换为可见光。

2. 启辉器：启辉器主要由辉光放电管和电容器组成，其内部结构如图 3-14 所示。其中辉光放电管内部的倒 U 形双金属片（动触片）是由两种热膨胀系数不同的金属片组成；通常情况下，动触片和静触片是分开的；小容量的电容器，可以防止启辉器动、静触片断开时产生的火花烧坏触片。

3. 镇流器：镇流器是一个带有铁芯的电感线图。它与启辉器配合产生瞬间高电压使荧光灯管导通，激发荧光粉发光，还可以限制和稳定电路的工作电流。

（二）荧光灯的工作原理

如图 3-13 所示，在荧光灯电路接通电源后，电源电压全部加在启辉器两端，从而使辉光放电管内部的动触片与将触片之间产生辉光放电，辉光放电产生的热量使动触片受热膨胀趋向伸直，与静触片接通。于是，荧光灯管两端的灯丝、辉光放电管内部的触片、镇流器构成一个回路。灯丝因通过电流而发热，从而使灯丝上的氧化物发射电子。与此同时，辉光放电管内部的动触片与静触片接通时，触片间电压为零，辉光放电立即停止，动触片冷却收缩而脱离静触片，导致镇流器中的电流突然减小为零。于是，镇流器产生的自感电动势与电源电压串联叠加于灯管两端，迫使灯管内惰性气体分子电离而产生弧光放电，荧光灯管内温度逐渐升高，水银蒸汽游离，并猛烈地撞击惰性气体分子而放电，同时辐射出不可见的紫外线激发灯管内壁的荧光粉而发出近似荧光的可见光。荧光灯管发光后，其两端的电压不足以使启辉器辉光放电，这时，交流电源、镇流器与荧光灯管串联构成一个电流通路，从而保证荧光灯的正常工作。

（三）并联电容提高功率因数

显然，荧光灯电路属于感性负载，其功率因数很低，为了提高荧光灯电路的功率因数，一般可在它的两端并联一定容量的电容器。

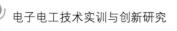

四、实训内容

荧光灯的安装。

五、实训步骤

1. 荧光灯电路的安装

（1）布局定位。根据荧光灯电路各部分的尺寸进行合理布局定位，制作荧光灯安装电路板，如图 3-15 所示。

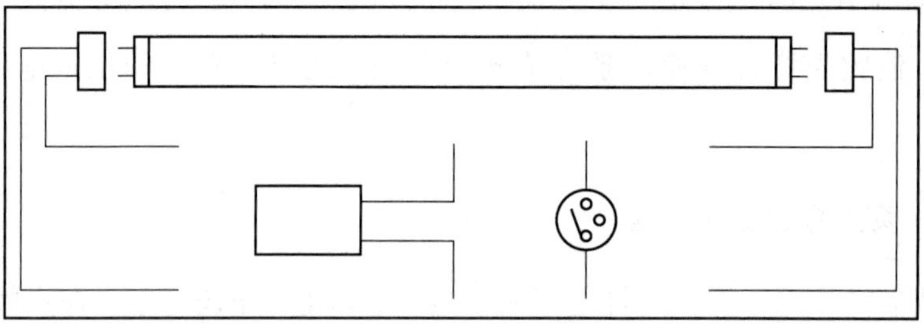

图 3-15　荧光灯安装电路板

（2）用万用表检测荧光灯。灯管两端灯丝应有几欧姆电阻，镇流器电阻为 20～30 Ω，启辉器不导通，电容器应有充电效应。

（3）根据图 3-15 进行荧光灯电路的安装。

（4）接好线路并经老师检查合格后，通电观察荧光灯电路的工作情况。

2. 注意事项

实训过程中必须注意人身安全和设备安全。

注意荧光灯电路的正确接线，镇流器必须与灯管串联。

（1）镇流器的功率必须与灯管的功率一致。

（2）荧光灯的启动电流较大，启动时用单刀开关将功率表的电流线图和电流表短路，防止仪表损坏，操作时注意安全。

3. 保证安装质量，注意安装工艺。

照明电路配电板的安装

一、实训目的

1. 掌握家庭电气线路的组成及安装。
2. 正确接入火线和零线。
3. 掌握各种电器的接线方法。

二、实训器材

电表 1 支，空开 1 个，开关 1 个，日光灯 1 盏，导线若干。

三、实训内容

照明电路配电板的安装。

1. 根据给定的安装图如图 3-16 所示，设计并画出照明线路图。

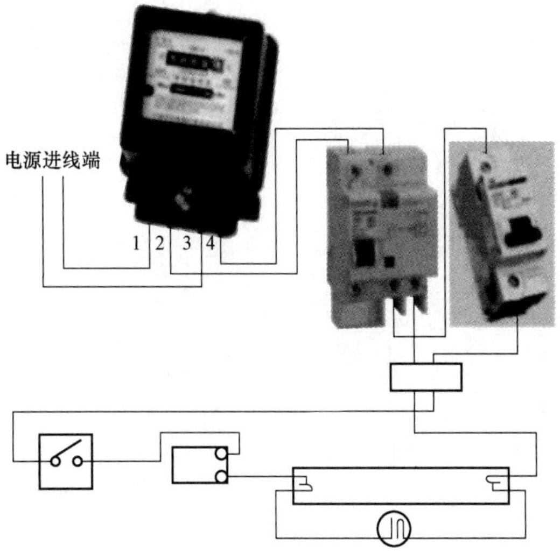

图 3-16　安装图

2. 根据所画出的线路图正确安装电器。
3. 接通电源和各电器开关，观察各电器工作情况。
4. 测量日光灯电路各部分电压。

日光灯管两端电压	镇流器两端电压	电源两端电压

5. 注意事项

（1）接线时应按照从左到右、从上到下、从电源到负载的顺序。

（2）漏电保护开关按上进下出原则接线，所有电器开关应接在火线侧。

（3）单相三孔插座按“左零右火上接地”原则接线。

（4）装接线路的工艺要求：横平竖直，拐弯成直角，少用导线少交叉，多线并拢一起走。

（5）安装完毕通电时，应注意安全用电，避免意外事故发生。

第四章

三相正弦交流电路

第一节　三相交流电源

一、三相对称电动势的产生

三相交流电动势是由三相交流发电机产生的，图 4-1（a）是一个三相交流发电机的原理示意图。

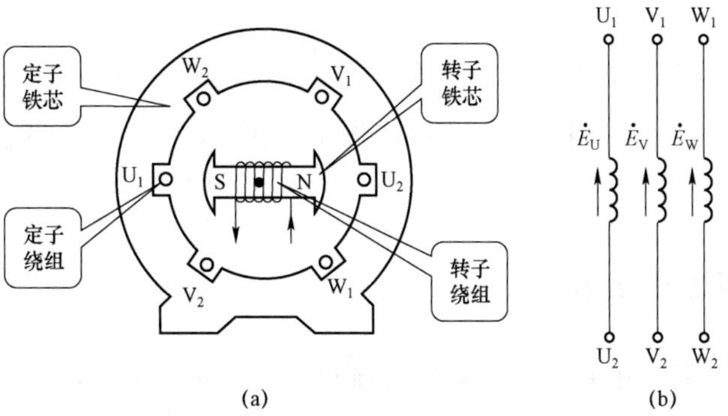

图 4-1　三相交流发电机的原理示意图

三相交流发电机主要是由定子和转子构成的。里面旋转的部分称为转子，在转子的线圈中通以交流电流，则在空间产生一个按正弦规律分布的磁场；外面固定不动的部分称为定子，在定子的铁芯槽内分别嵌入三个结构完全相同的线圈 U_1—U_2、V_1—V_2、W_1—W_2，它们在空间的位置互差 120°，称为三相定子绕组。U_1、V_1、W_1 称为三个绕组的首端，U_2、V_2、W_2 称为末端。当发动机拖动转子以角速度 ω 匀速旋转时，三相定子绕组就会切割磁力线而产生感应电动势。由于磁场按正弦规律分布，因此感应出的电动势为正弦电动势，而三相绕组结构相同，切割磁力线的速度相同，位置互差 120°，因此三相绕组感应出的电动势幅值相等，频率相同，相位互差 120°。这样的三相电动势称为对称三相电动势，设各相电动势方向为由末端指向始端，如图 4-1（b）所示。以%为参考量，则三个电动势的瞬时值表达式为

$$e_{\mathrm{E}}= E_{\mathrm{Um}}\sin\omega t$$

$$e_{\mathrm{V}}=E_{\mathrm{vm}}\sin(\omega t-120^{\circ})$$

$$e_{\mathrm{W}}=E_{\mathrm{Wm}}\sin(\omega t+120^{\circ})$$

三相对称电动势的波形图和向量图如图 4-2 所示。

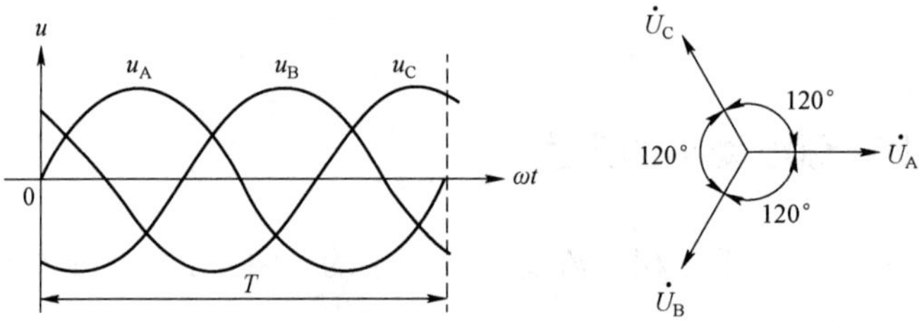

图 4-2　三相对称电动势的波形图和向量图

三相交流电动势在时间 *I*：达到最大值的先后顺序称为相序。按 *U*—*V*—*W*—*U* 的顺序达到最大值的相序称为正序；按 *U*—*W*—*V*—*U* 的顺序达到最大值的相序称为负序。

二、三相四线制电源

在低压供电系统中常采用三相四线制供电，如图 4-3 所示。

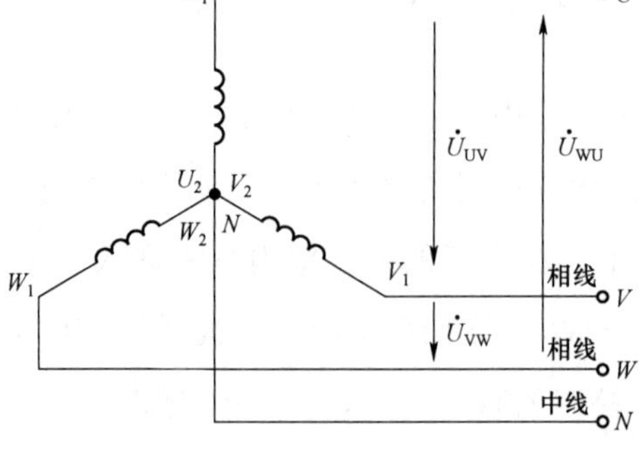

图 4-3　三相四线制电源

将三相绕组的末端 U_2、V_2、W_2 连接成一个公共端，叫做中性点（零点），用 N 表示，从中性点引出的导线叫做中性线（零线）。从三个首端引出三根导线叫做相线（火线）。这种供电系统叫做三相四线制，用 Y_0 表示。

在三相四线制系统中，可向外提供两种电压，即相电压和线电压两种。相线与相线之间的电压叫做线电压。分别用 U_{UV}、U_{VW}、U_{WU} 表示其有效值；相线与中线之间的电压叫做相电压。分别用 U_U、U_V、U_W 表示其有效值。由图 4-3 可知，线电压与相电压之间向量关系为

$$\dot{U}_{UV}=\dot{U}_U-\dot{U}_V$$

$$\dot{U}_{VW}=\dot{U}_V-\dot{U}_W$$

$$\dot{U}_{WU}=\dot{U}_W-\dot{U}_U$$

作出向量图，如图 4-4 所示。

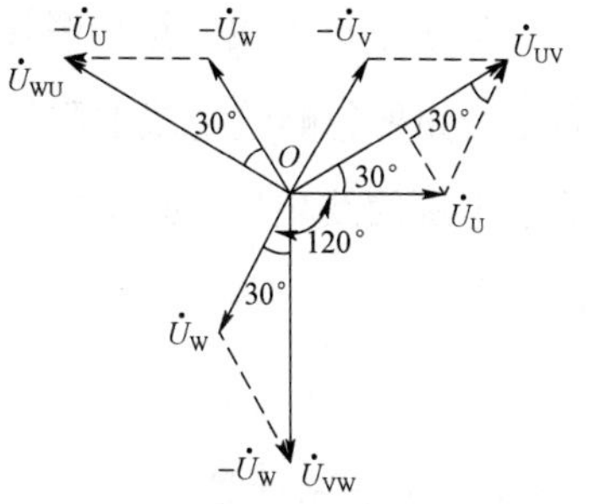

图 4-4　三相四线制电源电压向量图

根据平行四边形法则，可求出线电压等于相电压的 $\sqrt{3}$ 倍。关系为 $U_{UV}=\sqrt{3}\,U_U$；$U_{VW}=\sqrt{3}\,U_V$；$U_{WU}=\sqrt{3}\,U_W$。即

$$U_{线}=\sqrt{3}\,U_{相}$$

线电压超前相应的相电压 30°。

结论：

1. 对称三相电动势的有效值相等，频率相同，相位互差 120°；
2. 三相四线制的线电压和相电压都是对称的；
3. 线电压等于相电压的 $\sqrt{3}$ 倍。线电压超前相应的相电压 30°。

第二节　三相负载的联接

一、三相负载的星形联接

（一）连接方式

把各相负载的末端联在一起接在三相电源的中线上，把各相负载的首端分别接在三相交流电源的三根相线上，这种联接方法叫做三相负载有中线的星形接法，用符号 Y_0 表示，如图 4-5 所示。

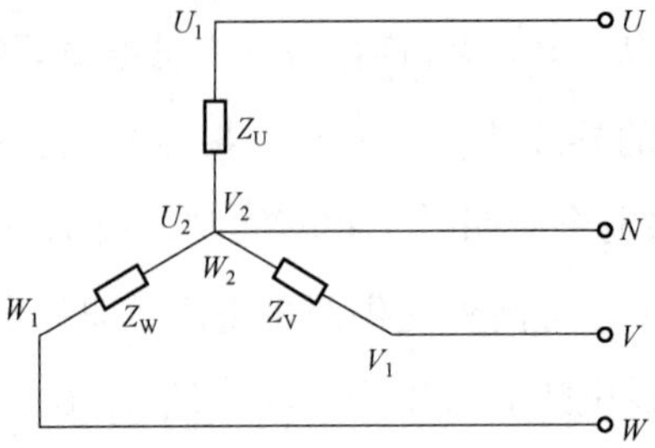

图 4-5　三相负载有中线的星形联接

负载作有中线的星形联接时，各负载两端的电压叫做负载的相电压，用 U_{YP} 表示，如果忽略输电线的阻抗，负载的相电压等于电源的相电压，负载的线电压等于电源的线电压。负载的线电压与相电压之间的关系为线电压等于相电压的百倍，即

$$U_L = \sqrt{3}\,U_{YP}$$

（二）电路计算

流过每相负载的电流叫做相电流，流过每根相线的电流叫做线电流。负载作星形联接时，各相负载的相电流和线电流大小相等，即

$$I_{线Y} = I_{相Y} = U_{相Y}/Z_{相}$$

所以，在对称三相电压下流过对称三相负载的各相电流也是对称的，大小为

$$I_{YP} = I_U = I_V = I_W = U_{YP}/Z_P$$

各相电流间的相位互差 120°。

根据基尔霍夫第一定律可知，流过中线的电流为

$$i_N = i_U + i_V + i_W$$

上式所对应的向量关系式为

$$I_N = I_U + I_V + I_W$$

做出三相负载的相电流向量图如图 4-6 所示。

由 4-6 向量图可知，三相负载的线电流的向量和为零，即

$$I_N = 0$$

即三个相电流瞬时值之和等于零，即

$$i_N = 0$$

对称三相负载作星形连接时的中线电流为零。这种情况下，去掉中线也不会

影响负载的正常工作，所以对于三相对称负载作星形联接时常采用三相三线制，如图 4-7 所示。

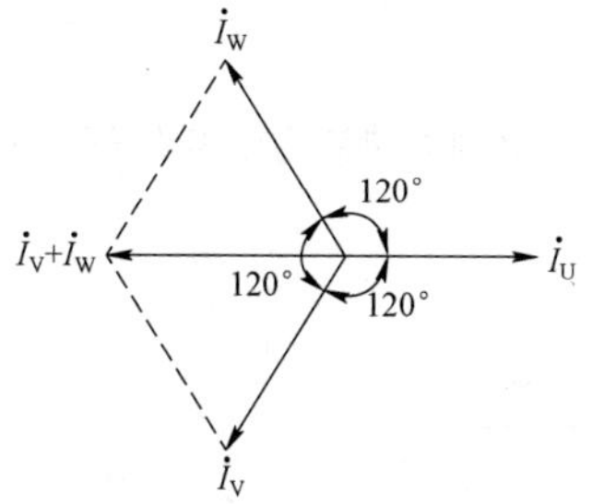

图 4-6　三相对称负载作星形联接时的电流向量图

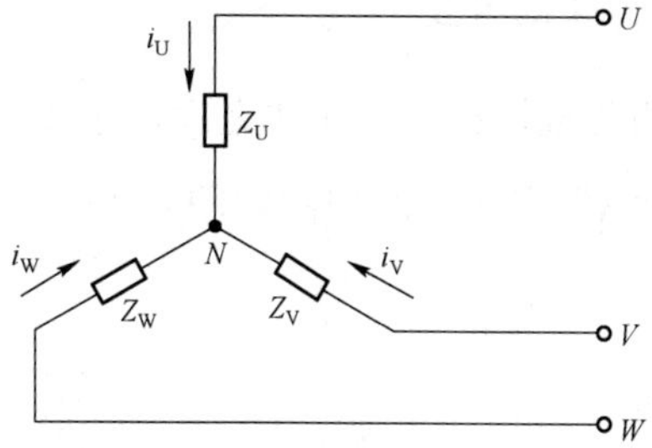

图 4-7　三相三线制联接

在三相负载的星形联接中，由于每相负载都串联在相线上，所以各相电流等于各线电流，即

$$I_L = I_P$$

例：已知某一三相对称负载作星形联接，每相的电阻为 $R=24\ \Omega$，感抗 $X_L=32\ \Omega$，接在线电压为 380 V 的三相电源上，试求相电压、相电流和线电流。

解：对称三相负载作星形联接，每相负载两端的电压等于电源的相电压，即

$$U_P = U_L/\sqrt{3} = 380/\sqrt{3} = 220\ \text{V}$$

每相负载的阻抗为

$$Z = \sqrt{(R^2 + X_L^2)} = \sqrt{(24^2 + 32+)} = 40\ \Omega$$

相电流为

$$I_P = U_P/Z = 220/40 = 5.5\ \text{A}$$

负载作星形联接时的线电流等于相电流，即

$$I_L = I_P = 5.5\ \text{A}$$

（三）不对称负载的星形联接

三相负载在很多情况下是不对称的，常见的照明电路就是不对称有中线的星形联接的三相电路。对于不对称负载作星形联接的三相电路，必须采用带有中线的三相四线制电源供电。若无中线，可能会使某一相相电压过低，导致该相用电器不能正常工作，也可能会使某一相相电压过高，导致烧毁该相用电器，因此，中线对于电路的正常工作及安全非常重要。

二、三相负载的三角形联接

（一）联接方式

每相负载均接于两相线之间，承受线电压。这种联接方式叫做三角形联接，用符号“Δ”表示，原理图如图 4-8 所示。

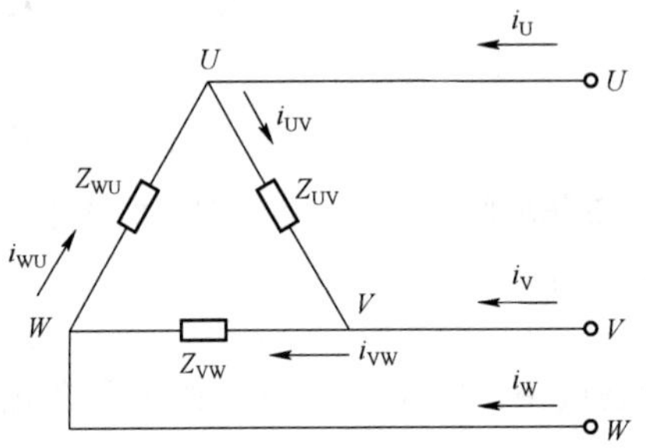

图 4-8　三相负载的三角形联接

（二）电路的计算

因为负载的三角形联接时各相负载接在了两根相线之间，因此电源的线电压等于负载两端的电压，即电源的线电压等于负载的相电压。

$$U_{\Delta P} = U_L$$

对于对称负载接在对称的三相电源下，流过各负载的相电流也是对称的，即各相电流有效值为

$$I_{UV} = I_{VW} = I_{WU} = U/Z_{UV}$$

各相电流之间的相位差为 120°。

根据基尔霍夫第一定律，可求出线电流与相电流之间的关系为

$$i_U = i_{UN} - i_{WU}$$

$$i_V = i_{VW} - i_{UV}$$

$$i_W = i_{WU} - i_{VW}$$

对应的向量关系为

$$I_U = I_{UN} - I_{WU}$$
$$I_V = I_{VW} - I_{UV}$$
$$I_W = I_{WU} - I_{VW}$$

当负载对称时，作出相电流的向量图，如图 4-9 所示。

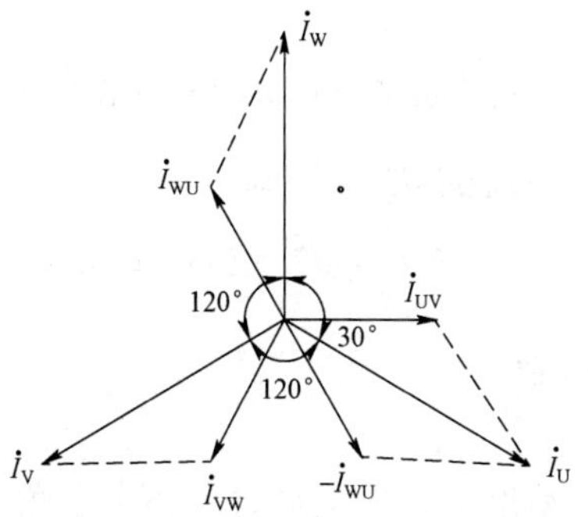

图 4-9　对称三相负载作三角形联接时的电流向量图

应用平行四边形法则可以求出线电流为相电流的 6 倍。

即

$$I_U = \sqrt{3}\, I_{UV}$$

$$I_N = \sqrt{3}\, I_{VW}$$

$$I_W = \sqrt{3}\, I_{WU}$$

对称三相负载作三角形联接时，线电流的大小等于相电流的百倍，即

$$I_L = \sqrt{3}\, I_P$$

例：有三个相同的电阻，其阻值为 $R = 100\ \Omega$，将其联接成三角形，接在线电压为 380 V 的对称三相电源上，如图 4-10 所示，试求：（1）负载的线电压、相电压；（2）负载的线电流、相电流。

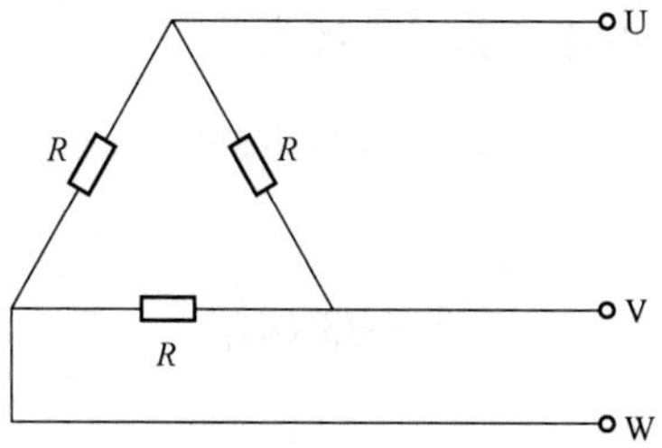

图 4-10　对称三相电源

解：（1）负载作三角形联接，负载的线电压为

$$U_L = 380\ \text{V}$$

负载的相电压等于线电压，即

$$U_P = U_L = 380\ \text{V}$$

（2）负载的相电流为

$$I_P = U_P/R = 380/100 = 3.8\ \text{A}$$

负载的线电流等于相电流的 $\sqrt{3}$ 倍，即

$$I_L = \sqrt{3}\ I_P = \sqrt{3}\ \times 3.8 \approx 6.58\ \text{A}$$

三、三相负载的功率

在三相交流电路中，不论负载作星形联接还是三角形联接，三相负载消耗的总功率等于各相负载消耗的功率之和，即

$$P = P_U + P_V + P_W = U_U I_U \cos\phi_U + U_V I_V \cos\phi_V + U_W I_W \cos\phi_W$$

在对称三相交流电路中，如果三相负载是对称的，则电流也是对称的，即三相负载的电压、电流、阻抗角都相等，所以三相交流电路的功率可以写成

$$P = 3U_P I_P \cos\phi$$

由于对称负载作星形联接时，线电压等于相电压的万倍，线电流等于相电流，所以有 $P = \sqrt{3}\ U_L I_L \cos\phi$。

对于对称负载作三角形联接时，由于线电压等于相电压，线电流等于相电流的方倍，所以也有 $P = \sqrt{3}\ U_L I_L \cos\phi$。

所以，不论负载作星形联接还是三角形联接，总功率为 $P = BUjC$。

需要注意的是，上式中的ϕ是每相负载的相电压与相电流之间的相位差，而不是线电压与线电流之间的相位差。

同理可得，对称三相电路的无功功率为

$$Q = \sqrt{3}\ U_L I_L \sin\phi$$

视在功率为

$$S = \sqrt{3}\ U_L I_L$$

三者间的关系为

$$S = \sqrt{(P^2 + Q^2)}$$

例：有一个对称三相负载，每相的感抗 $X_L = 8\ \Omega$，$R = 6\ \Omega$，负载分别作星形联接和三角形联接，接在线电压为 380 V 的对称三相电源上，试求：

（1）负载作星形联接时的相电流、线电流和有功功率；

（2）负载作三角形联接时的相电流、线电流和有功功率。

解：（1）负载作星形联接时，线电压等于相电压的 $\sqrt{3}$ 倍，所以负载的相电压为

$$U_P = U_L/\sqrt{3} = 380/\sqrt{3} \approx 220\ \text{V}$$

因为每相的感抗 $X_L = 8\ \Omega$，$R = 6\ \Omega$，所以其阻抗为

$$Z = \sqrt{(R^2 + X^2)} = \sqrt{(6^2 + 8^2)} = 10\ \Omega$$

所以各相的相电流为

$$I_P = U_P/Z = 220/10 = 22\ \text{A}$$

对称负载作星形联接时的线电流等于相电流，即

$$I_L = I_P, \quad = 22\ \text{A}$$

各相负载的功率因数为

$$\cos\phi = R/Z = 6/10 = 0.6$$

三相负载的总有功功率为

$$P = \sqrt{3}\ U_L I_L \cos\phi = \sqrt{3} \times 380 \times 22 \times 0.6 \approx 8.69\ \text{kW}$$

（2）负载作三角形联接时，线电压等于相电压，所以负载的相电压为

$$U_P = U_L = 380\ \text{V}$$

因为阻抗 $Z = 10\ \Omega$，所以各相电流为

$$I_P = U_P/Z = 380/10 = 38\ \text{A}$$

对称负载作三角形联接时的线电流等于 $\sqrt{3}$ 倍的相电流，即

$$I_L = \sqrt{3}\ I_P = \sqrt{3} \times 38 \approx 66\ \text{A}$$

三相负载的总有功功率为

$$P = \sqrt{3}\ U_L I_L \cos\phi = \sqrt{3} \times 380 \times 66 \times 0.6 \approx 26.1\ \text{kW}$$

技能性实训

三相对称负载与不对称负载电路的安装与检测

一、实训目的

1. 学会三相负载的连接方法。
2. 理解线电压和相电压、线电流和相电流之间的关系。

3. 掌握三相四线制供电系统中中线的作用。

二、实训器材

220 V、10 W 灯泡，开关及导线，万用表一个。

三、实训指导

1. 三相对称负载作星形联接时，线电压等于百倍的相电压，线电流等于相电流，中线电流等于 0，可以省去中线。

2. 三相不对称负载作星形联接时，必须采用三相四线制接法，而且中线必须连接牢固，保证三相不对称负载的相电压对称。

若中线断开，可能会使负载轻的那一相相电压过低，导致该相负载不能正常工作，也可能会使负载重的那一相相电压过高，导致烧毁该相负载。因此，中线对于电路的正常工作及安全非常重要。

四、实训内容

1. 测量星形联接对称负载的线电压、相电压、线电流、相电流。

2. 测量星形联接不对称负载的线电压、相电压、线电流、相电流。

五、实训步骤

1. 三相对称负载星形联接：用三只 10 W 灯泡，按图 4-11 所示，作星形连接，按照有中线和无中线两种情况进行试验。经老师检查后，方可合上电源开关，并观察各灯泡亮暗的程度。

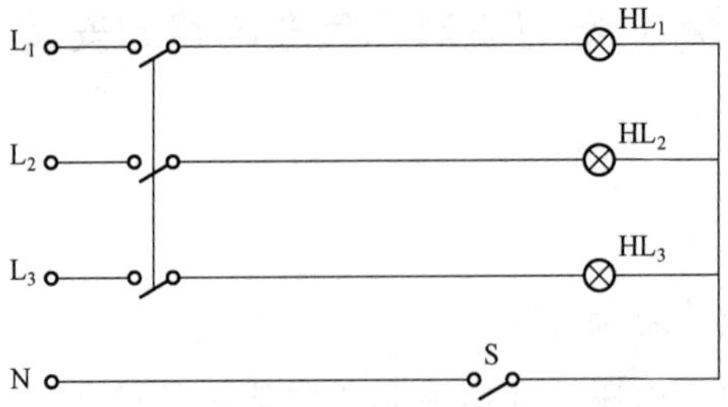

图 4-11　三相对称负载星形联接

（1）有中线。线路接好后接通中线开关，合上三相电源开关，用电流表和电压表测量各电流和电压，结果记入表 4-1 中。

（2）无中线。断开中线开关，合上三相电源开关，观察灯泡的亮度，测量各电流和电压，结果记入表 4-1 中。

表 4-1　电流表和电压表测量各电流与电压

	U_{12} /V	U_{23} /V	U_{13} /V	U_1 /V	U_2 /V	U_3 /V	I_1 /mA	I_2 /mA	I_3 /mA	I_4 /mA
有中线										
无中线										

2. 三相不对称负载星形联接：图 4-11 中，L_1 相灯泡仍为 10 W，L_2 相改为两只 10 W 并联，L_3 相改为三只 10 W 并联。仍按照有中线和无中线两种情况测量各电压和电流，记入表 4-2 中。

表 4-2　三相不对称负载星形联接

	U_{12} /V	U_{23} /V	U_{13} /V	U_1 /V	U_2 /V	U_3 /V	I_1 /mA	I_2 /mA	I_3 /mA	I_4 /mA
有中线										
无中线										

六、成绩评分标准

序号	主要内容	评分标准	配分	得分
1	三相对称负载线电压的测量	不会判断扣 10 分	10	
2	三相对称负载相电压的测量	不会测试扣 10 分	10	
3	三相对称负载线电流的测量	不会判断扣 10 分	10	
4	三相对称负载相电流的测量	不会测试扣 10 分	10	
5	三相不对称负载线电压的测量	不会测试扣 10 分	10	
6	三相不对称负载相电压的测量	不会判断扣 10 分	10	
7	三相不对称负载线电流的测量	不会测试扣 10 分	10	
8	三相不对称负载相电流的测量	不会判断扣 10 分	10	
9	三相不对称负载中线电流的测量	不会测试扣 10 分	20	
		合计总分		

第五章

模拟电子

半导体器件是现代电子技术发展中不可或缺的重要组成部分。由于具有体积小、质量轻、使用寿命长、可靠性高、输入功率小和功率转换效率高等优点，而在现代电子技术中得到广泛的应用。

随着科学技术的高速发展，生活中的各种电子产品和设备如收音机、电话机、电视机、计算机、手机、数码产品等都用到了半导体器件。这一单元将一起来学习常用的半导体器件，如图 5-1 所示。

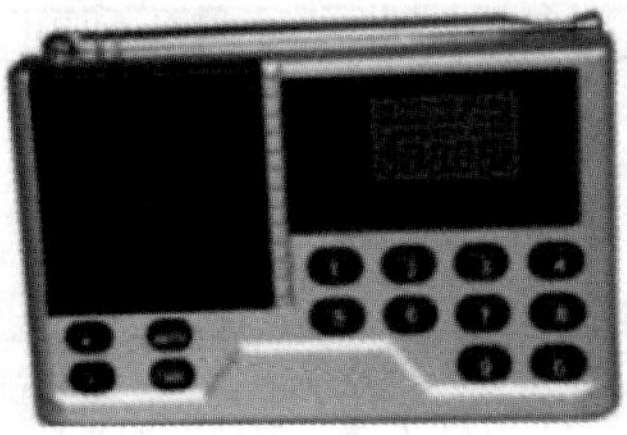

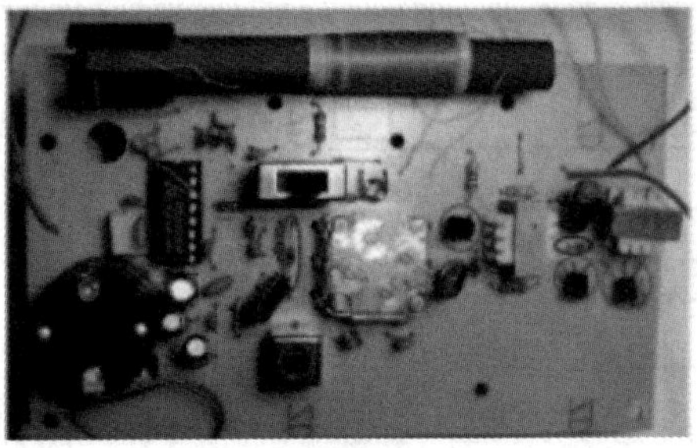

图 5-1　半导体器件在电子产品中的应用

第一节　半导体二极管的认知

一、半导体的基本知识

（一）半导体的概念

自然界中的物质按导电能力强弱的不同，可以分为导体、绝缘体和半导体三类。

导体：自然界中很容易导电的物质称为导体，金属一般都是导体。

绝缘体：有的物质几乎不导电，称为绝缘体，如橡皮、陶瓷、塑料和石英。

半导体：另有一类物质的导电特性介于导体与绝缘体之间，称为半导体。最常用的制造半导体器件的材料有硅（Si）和锗（Ge）。由于用作半导体材料的硅和锗是原子排列完全一致的单晶体，所以半导体管通常也称为晶体管。

（二）半导体的特性

半导体具有不同于导体和绝缘体的导电特性，它的导电能力会随温度、光照或掺入杂质的不同而发生明显的变化。正是由于这一特性，人们用半导体材料制成了种类繁多的电子元器件。

1. 热敏特性。温度升高，半导体的导电能力会增强，电阻减小。利用热敏特性可将半导体材料制成各种热敏器件，如热敏电阻。

2. 光敏特性。在受光照射后，半导体的导电能力增强，电阻减小。光线越强，半导体的阻值越小，导电能力越强。利用光敏特性可将半导体材料制成各种光电元件，如光敏电阻。

3. 掺杂特性。在纯净的半导体中掺入微量的杂质，则半导体的导电能力会大大增强，电阻会急剧减小。掺杂特性是半导体应用最为广泛的特性，如二极管、三极管等都是利用掺杂特性而制成的。

（三）半导体的分类

纯净的半导体几乎不含杂质，称为本征半导体。本征半导体中存在两种载流子，一种是带负电的自由电子，一种是带正电的空穴。它们是成对出现的，由于两者电荷量相等，极性相反，所以本征半导体呈电中性，它的导电能力非常弱。

利用半导体的掺杂特性，在纯净半导体中掺入某种微量杂质元素后称为杂质半导体。这种半导体的导电能力与纯净半导体相比，增加了几万甚至上百万倍。根据掺入杂质的不同可制成 N 型半导体和 P 型半导体。

1. N 型半导体。在本征半导体中掺入少量的五价元素（如璘、伸、锑等），其中自由电子是多数截流子，空穴是少数截流子，就形成了 N 型半导体，又称电子型半导体。

2. P 型半导体。在本征半导体中掺入少量的三价元素（如硼、铝、钢等），其中空穴是多数载流子，自由电子是少数载流子。各种半导体之间的关系如图 5-2 所示。

（四）PN 结及其单向导电性

1. PN 结

通过现代工艺，把 P 型半导体和 N 型半导体结合在一起，在这两种半导体的交界处就会形成一个具有特殊性的薄层，该薄层称为 PN 结，如图 5-3 所示。PN 结是构成各种半导体器件的物质基础。

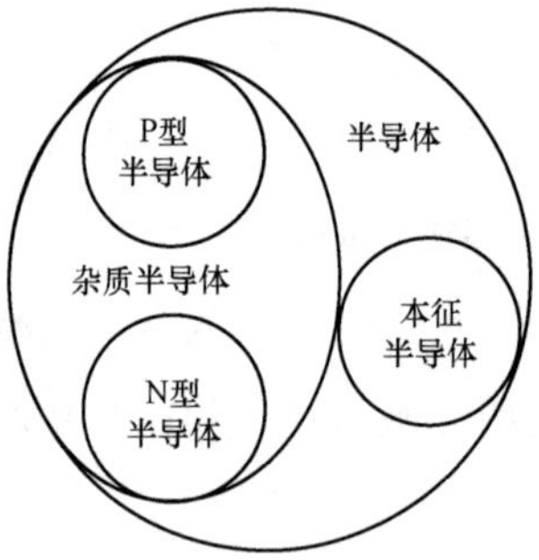

图 5-2　各种半导体间的关系

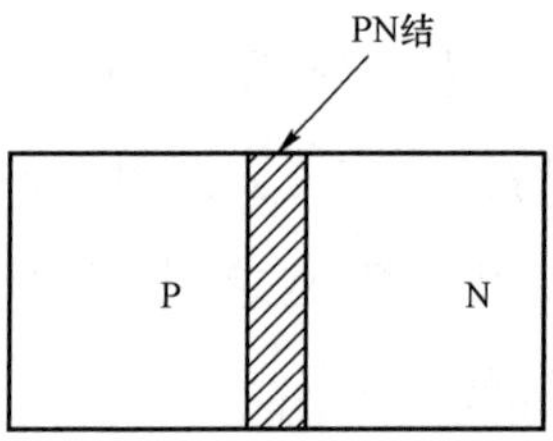

图 5-3　PN 结结构示意图

2. PN 结的单向导电性

实验：实际电路中 PN 结的两端外加不同极性的电压时，PN 结显现出截然相反的导电性能，称为 PN 结的单向导电性。认识 PN 结的单向导电性，可以通过一个小实验来观察，实验电路如图 5-4 所示，其中 PN 结用一个二极管来代替，HL 为指示小灯泡，R 为限流电阻，E 为电源，S 为开关。

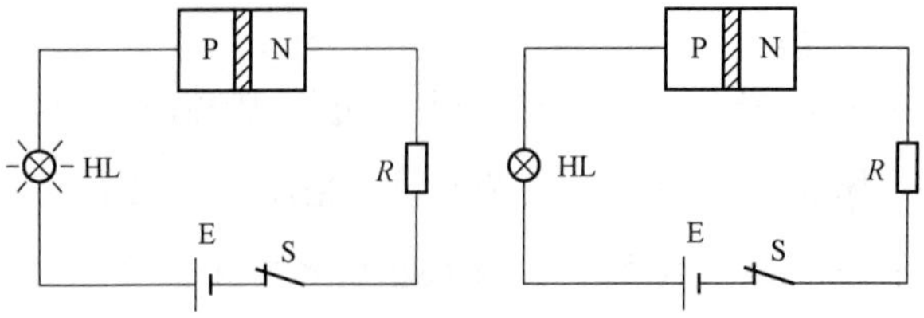

(a) PN结加正向电压　　(b) PN结加反向电压

图 5-4　PN 结单向导电性实验电路图

（1）外加正偏电压时 PN 结导通

将 PN 结的 P 区接电源正极，N 区接电源负极，称为给 PN 结加正向偏置电压，简称正偏，如图 5-4（a）所示。开关 S 闭合后，小灯泡发光，说明 PN 结导通。

（2）外加反偏电压时 PN 结截止

将 PN 结的 P 区接电源负极，N 区接电源正极，称为给 PN 结加反向偏置电压，简称反偏，如图 5-4（b）所示。开关 S 闭合后，小灯泡不亮，说明 PN 结截止。

结论：PN 结正偏时导通，反偏时截止，这是 PN 结的重要特性一单向导电性。

二、二极管的结构、符号和类型

（一）结构和符号

二极管是由一个 PN 结构成的最简单的半导体器件，从 PN 结的两端引出两个电极，从 P 区引出的电极称为正极或阳极；从 N 区引出的电极称为负极或阴极。然后再用管壳将其封装起来，如图 5-5（a）所示。图形符号如图 5-5（b）所示，文字符号为“VD”。

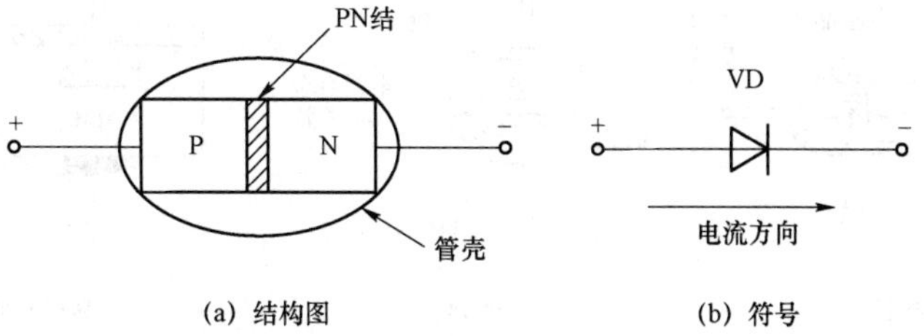

图 5-5　二极管的结构与符号

二极管是电子线路中经常使用的器件，图 5-6 是几种常见的二极管外形图。

（二）类型

根据不同分类标准，半导体二极管可以分成不同类型。

1. 按材料来分，有硅二极管和锗二极管等。

2. 按封装来分，有玻璃封装、塑料封装、金属封装和贴片式封装四种。

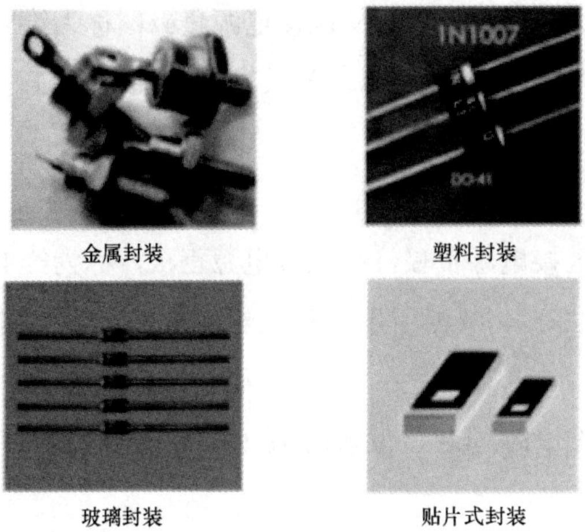

图 5-6　常见的二极管的外形图

3. 按工艺来分，有点接触型、面接触型和平面型。

4. 按用途来分，有整流二极管、发光二极管、光电二极管、稳压二极管、开关二极管、变容二极管等。

5. 按功率来分，有大功率、中功率及小功率二极管。

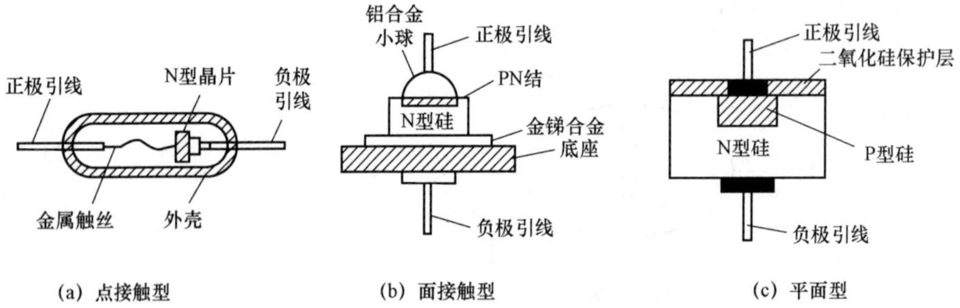

图 5-7　二极管的结构类型

三、二极管的伏安特性

二极管的伏安特性就是二极管两端所加的电压与流过二极管的电流之间的关系，由此得到的曲线，称为二极管的伏安特性曲线，如图 5-8 所示。二极管最重要的特性就是单向导电性。

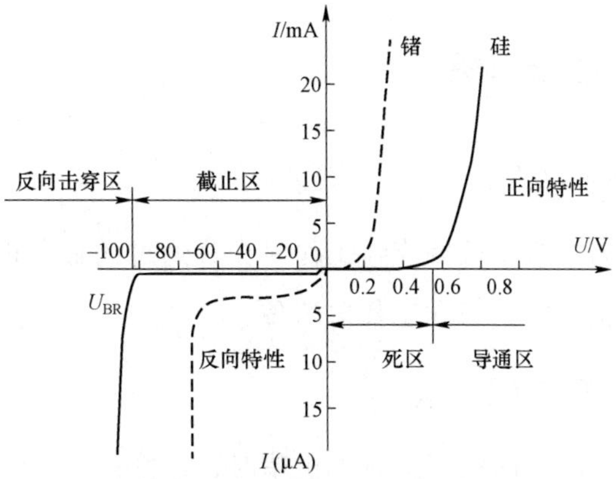

图 5-8　硅和锗二极管的伏安特性曲线

（一）正向特性

二极管的正极接在高电位端、负极接在低电位端时，称为二极管正偏，所加的电压称为正偏电压。二极管加正偏电压时的伏安特性称为正向特性，分为死区和正向导通区。

1. 死区。当正向电压极小时，正向电流也极小，几乎为零，二极管呈现很大的电阻性，处于不导通状态，通常把这一区域称为死区。对于硅管死区电压约为 0.5 V，锗管约为 0.1 V。

2. 正向导通区。当正向电压大于死区电压后，流过二极管的电流随着电压的升而而明显增加，二极管的电阻变得很小，进入导通状态。导通后二极管两端的电压降几乎不随电流的变化而变化。硅管的导通电压约为 0.7 V，锗管的导通电压约为 0.3 V。

（二）反向特性

二极管的正极接在低电位端、负极接在高电位端时，称为二极管反偏，所加的电压称为反偏电压。二极管加反偏电压时的伏安特性称为反向特性，分为反向截止区和反向击穿区。

1. 反向截止区。二极管反偏，形成的反向电流很小，且在一定范围内几乎不随反向电压的增大而增大，二极管呈现很大的电阻性。

2. 反向击穿区。当二极管所加的反向电压高到一定值时，流过二极管的反向电流急剧增加，该现象称为二极管的反向击穿，U_{RR} 称为反向击穿电压。

四、二极管的主要参数

（一）最大整流电流 I_{FM}

最大整流电流为二极管长期连续工作时允许通过的最大正向电流值。使用二极管时不要超过二极管额定正向工作电流值。

（二）最高反向工作电压 U_{RM}

加在二极管两端的反向电压达到一定值时，会将管子击穿，这个电压就称为最高反向工作电压。一般手册上给出的最高反向工作电压约为反向击穿电压的一半，以确保管子安全工作。

（三）反向饱和电流 I_S

二极管未击穿时的反向电流值称为反向饱和电流。其值越小，二极管的单向导电性能越好。

第二节　特殊二极管的认知

一、稳压二极管

稳压管是一种用特殊工艺制造的面接触型二极管。它是利用 PN 结的反向击穿特性制造的。它的外形和符号如图 5-9 所示，文字符号为 ZD。稳压管的伏安特性曲线如图 5-10 所示，它的正向特性曲线与普通二极管相同，但在反向击穿区具有更为陡峭的特性曲线。稳压管工作在反向击穿区，由于曲线很陡，反向电

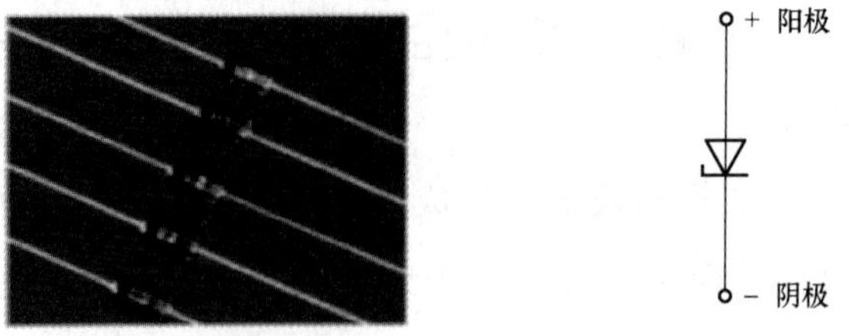

(a) 外形　　(b) 图形符号

图 5-9　稳压二极管的外形与图形符号

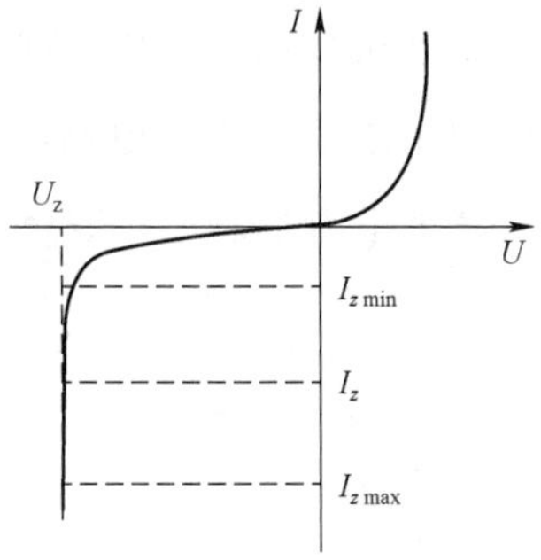

图 5-10　稳压二极管的特性曲线

流在很大范围内变化，但稳压管两端的电压却变化很小。利用这一特性，稳压管在电路中能起到稳压作用。

稳压管的反向击穿特性是可逆的。当去掉反向电压后，稳压管能恢复正常。但是，当反向电流超过其最大稳定工作电流时，就会发生热击穿，造成稳压管永久性的损坏。

二、发光二极管

发光二极管是一种导通以后能发光的半导体二极管，简称 LED，它的外形和符号如图 5-11 所示。它是利用钱、伸、磷等元素的化合物构成的 PN 结加上正向电压时，能发光的原理制造而成的。它的发光颜色取决于所选的材料，通常发光二极管的颜色有红、绿、黄、蓝等。

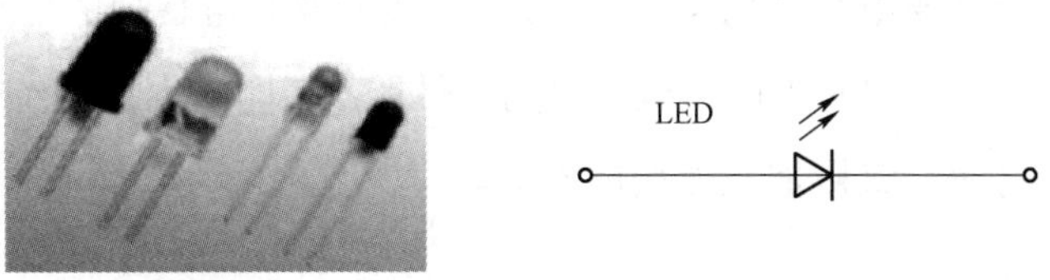

(a) 外形　　(b) 图形符号

图 5-11　发光二极管的外形及符号

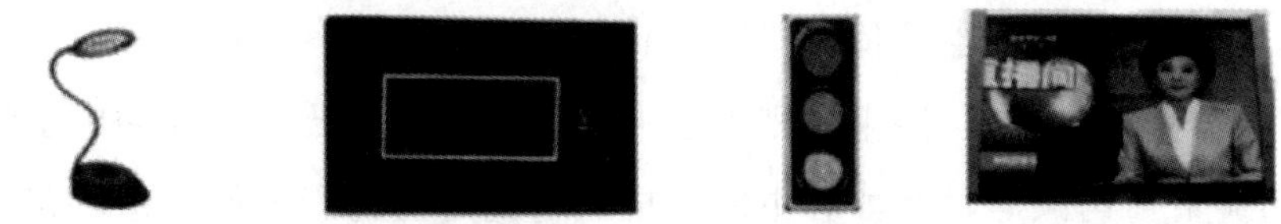

(a) LED台灯　　(b) 数字显示屏　　(c) 交通指示灯　　(d) 户外显示屏

图 5-12　LED 用途实例

发光二极管具有体积小、工作电压低、工作电流小、发光均匀稳定、响应速度快、寿命长等优点，被广泛应用于信号指示电路、广告显示屏的显示、音响设备调谐、光报警等电路中。它属于电流控制型半导体器件，使用时需串接合适的限流电阻。

三、光电二极管

光电二极管又称光敏二极管，是将光信号变成电信号的半导体器件。它的外形和符号如图 5-13 所示。

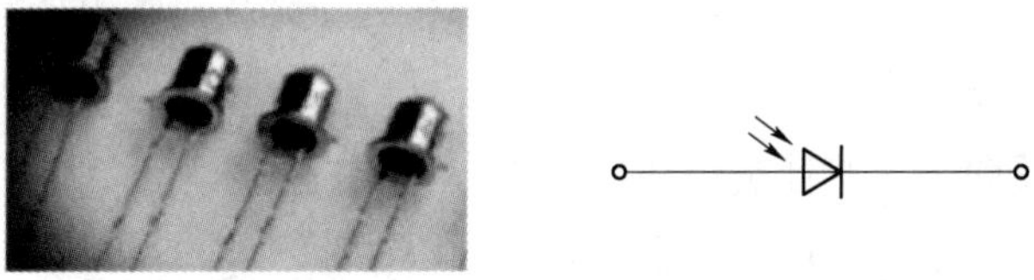

(a) 外形　　(b) 图形符号

图 5-13　光电二极管的外形及符号

光电二极管的管壳上开设一个能够透过光线的窗口，它是在反向电压作用之下工作的，没有光照时，反向电流很小，二极管不导通；当受到光线照射时反向电流明显变大，二极管导通。光的强度越大，反向电流也越大。即通过光电二极管的光电流随入射光强度的变化而变化，因此可以利用光照强弱来改变电路中的电流。

光电二极管主要用在可见光接收、红外光接收及光电转换的自动控制、计数、报警等设备中。大面积的光电二极管可用来做能源，即光电池。光电池不需要任何外加电源，它能够直接把光能变成电能。

四、变容二极管

变容二极管也叫可变电容二极管，是利用 PN 结之间的电容可变，并采用外延工艺技术制成的半导体二极管。正常工作时，变容二极管两端应接反向电压，反向偏压越高，结电容则越小。变容二极管主要用于高频电子线路中作自动调谐、调频等，例如彩电的遥控选台就是因为彩电的调谐电路中有变容二极管。

(a) 外形　　(b) 图形符号

图 5-14 变容二极管的外形及符号

第三节 半导体三极管的认知

一、半导体三极管

半导体三极管是按一定的工艺，将两个 PN 结结合在一起的半导体器件，由于两个 PN 结之间的相互影响，使三极管表现出不同于半导体二极管的特性，且具有电流放大作用。

（一）结构和符号

在一块极薄的硅或锗基片上制作两个 PN 结就构成了三层半导体，从三层半导体上各自接出一根导线，就是三极管的三个电极，再封装在管壳里就制成了半导体三极管。根据三层半导体材料的排列次序不同三极管可分为 NPN 型和 PNP 型两大类，两种类型的三极管结构示意图如图 5-15 所示。

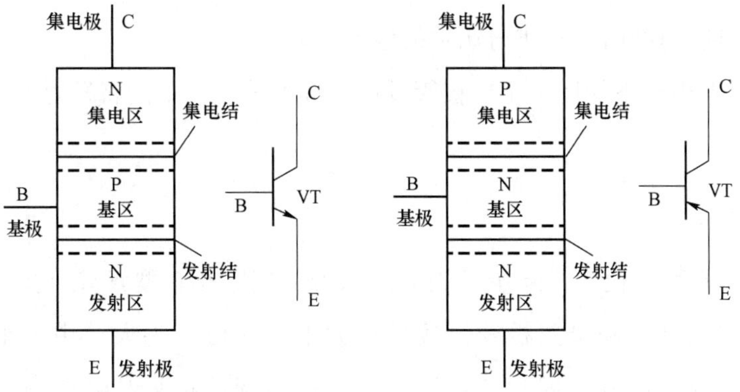

(a) NPN型三极管　　(b) PNP型三极管

图 5-15 三极管结构示意图及图形符号

无论是 NPN 型管还是 PNP 型管，三极管内部均有三个区：集电区、基区和发射区。两个 PN 结：基区和集电区之间 PN 结称为集电结，基区和发射区之间的 PN 结称为发射结。三个电极：由集电区引出的电极称为集电极，基区引出的电极称为基极，发射区引出的电极称为发射极，依次用 C、B、E 表示。

三极管的文字符号为 VT，图形符号如图 5-15（b）所示，两种符号的区别在于 NPN 型管的发射极的箭头朝外，PNP 型管的发射极的箭头朝里，箭头方向表示发射结加正向电压时的电流方向。几种常见的三极管的外形如图 5-16 所示。

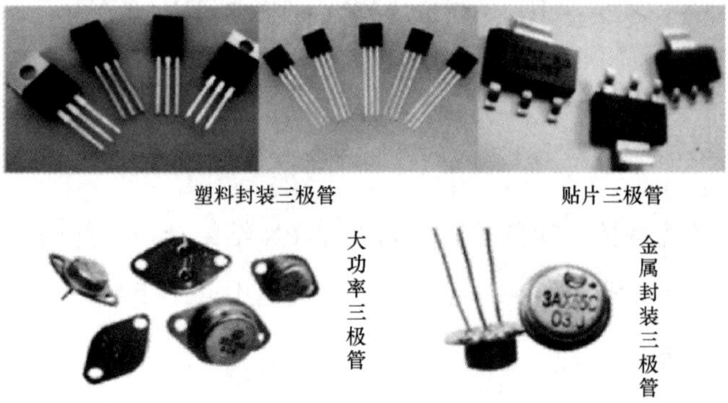

图 5-16　常见三极管的外形

为保证三极管的放大作用，在制作时三极管在结构上必须具有以下特点：

1. 发射区掺杂浓度大于集电区掺杂浓度，集电区掺杂浓度远大于基区掺杂浓度；

2. 基区掺杂浓度很低并且很薄（约几微米到几十微米）；

3. 集电区的截面积制作得比发射区的大。

因此，三极管不能用两个二极管反向串联而成，也不能将发射区与集电区互换使用。

（二）类型

三极管的种类很多，除按结构分为 NPN 型和 PNP 型管外，按材料分，还可以分为硅三极管和锗三极管；按功率大小分，可分为大、中、小功率管；按工作频率分，可分为低频三极管和高频三极管；按封装结构分，可分为金封、玻封、塑封、片状和陶瓷封装三极管等；按用途分，可分为放大管和开关管等。

（三）三极管的基本电路特性

实验：实验电路接成如图 5-17 所示，在 B、E 两极之间加电源 U_{BB} 在 C、E 两极间加电源电压 $U_{CC}>U_{BB}$，满足发射结正偏，集电结反偏的要求。电路接通后，三极管各极都有电流流过，即流入基极的电流 I_B、流入集电极的电流 I_C、和流出发射极的电流 I_E。

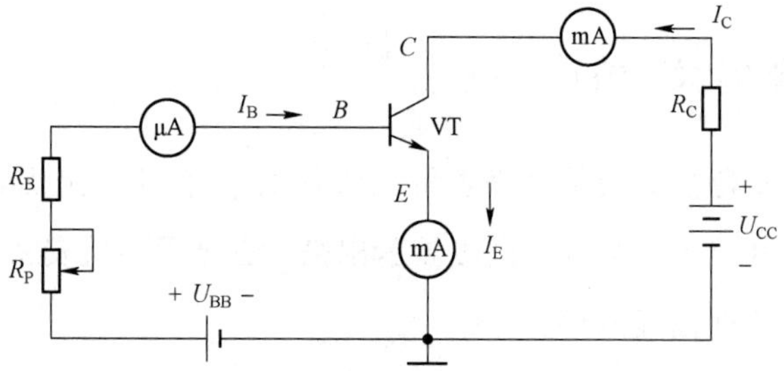

图 5-17 三极管电流放大实验电路

实验中调节可变电阻 RP 使 I_R 取不同的值，测量 I_B、I_C 及 I_E 的数值，并将对应的结果记录在表 5-1 中。

表 5-1 三极管三个电极上的电流分配

I_B/mA	0	0.02	0.04	0.06	0.08	0.10
I_C/mA	0.005	0.99	2.08	3.17	4.26	5.40
I_E/mA	0.005	1.01	2.12	3.23	4.34	5.50

分析实验数据，可得到如下结论：

三极管 C、B、E 三个电极的电流关系为

$$I_E = I_C + I_B$$

I_E 和 I_C 比 I_B 大得多，通常可认为

$$I_E \approx I_C$$

集电极电流 I_C，变化量与基极电流 I_B 变化量的比值为一定值，通常用 β 来表示这一定值，用公式表示为

$$\beta = \Delta I_C / \Delta I_B$$

即

$$\Delta I_C = \beta \Delta I_B$$

公式$\Delta I_C=\beta\Delta I_B$表明，可利用较小的基极电流变化实现对集电极电流的控制，这就是三极管的电流放大作用，并且可以看出使三极管起电流放大作用的外部条件是发射结加正向偏置电压，集电结加反向偏置电压。

通常情况下，三极管的电流放大倍数很高，从十几倍到上百倍都有。

结论：三极管的电流放大作用，实质上是用较小的基极电流去控制较大的集电极电流，是“以小控大”的作用，而不是能量的放大。

二、三极管的伏安特性曲线

三极管的伏安特性曲线是用来表示三极管工作时，各极电压和电流之间相互关系的曲线，可由晶体管图示仪直接显示出来。三极管的伏安特性曲线分为输入特性曲线和输出特性曲线两种。

（一）三极管的输入特性曲线

输入特性曲线是指在三极管集电极与发射极之间的电压 U_{CE} 为一定值时，基极电流 I_B 与基极和发射极之间的电压 U_{BE} 之间的关系曲线，如图 5-18 所示。

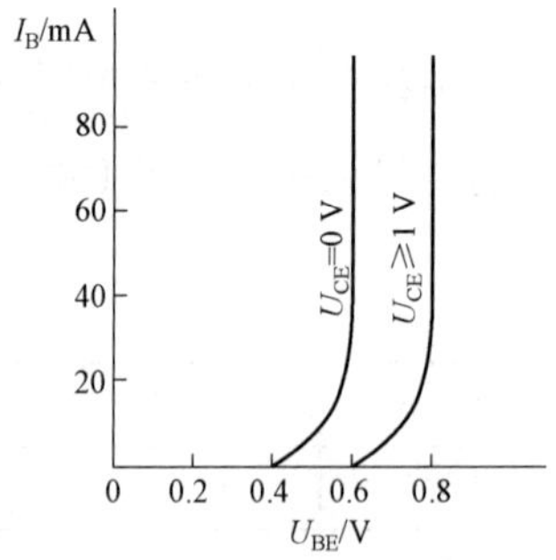

图 5-18　三极管输入特性曲线

从理论上讲，对应于不同的 U_{CE} 值，可做一簇 I_B 与 U_{BE} 之间的关系曲线，但实际上，三极管正常放大时，都工作在 $U_{CE}>1$ V 的情况下，U_{CE} 对曲线形状几乎无影响，即输入特性曲线基本保持不变，故只需做一条对应于 $U_{CE}>1$ V 的曲线即可。由图 5-18 还可以看出，三极管的输入特性曲线和二极管的正向特性曲线相似。这是因为三极管的基极和发射极之间也是一个 PN 结，加在发射结上的正向电压只有大于死区电压时，三极管才能出现基极电流。锗管的死区电压约为 0.1 V，硅管的约为 0.5 V；锗管的正常导通电压约为 0.3 V，硅管的约为 0.7 V。

（二）三极管的输出特性曲线

三极管的输出特性曲线是指当基极电流 I_B 为常数时，三极管集电极电流 I_C 与集电极和发射极之间的电压 U_{CE} 之间的关系曲线。

固定一个 I_B 值，便可得到一条输出特性曲线，改变 I_B 值，可做出一簇输出特性曲线，如图 5-19 所示。由输出特性曲线可知，三极管可工作在三个不同的区域，即放大、截止和饱和区。三个区和工作在各区的特点及条件如下。

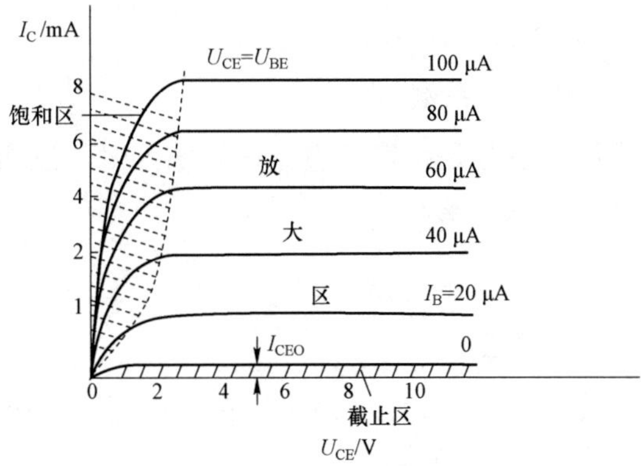

图 5-19　三极管输出特性曲线

1. 放大区。特性曲线近似水平在线的区域为放大区。该区最主要的特征就是 $I_C=\beta I_B$，即基极电流 I_B 对集电极电流 I_C 起着控制作用，使三极管具有电流放大作用。

三极管工作在放大区的条件是：发射结加正向偏置电压，集电结加反向偏置电压。

对于 NPN 型三极管，各极电位之间的关系为 $U_C>U_B>U_E$，PNP 型三极管各极电位之间的关系为 $U_C<U_B<U_E$。

2. 截止区。$I_B=0$ 的特性曲线以下区域称为截止区。该区域的最主要特征就是集电极电流 I_C 很小，近似为 0，集电极和发射极之间相当于开关的断开状态，三极管失去电流放大作用。在这个区域里，发射结和集电结均处于反偏状态。

3. 饱和区。特性曲线的上升和弯曲部分为饱和区。该区域的最主要特征是 U_{CE} 近似为 0，集电极和发射极之间相当于一个接通的开关，集电极电流不受基极电流的控制，三极管失去了电流放大作用。在这个区域里，发射结和集电结均处于正偏状态。

三、三极管的主要参数

三极管的主要参数是选择和使用三极管的重要依据。

（一）表征放大性能的参数

1. 电流放大系数。根据三极管工作状态的不同，电流放大系数又可分为直流电流放大系数和交流电流放大系数。

（1）共射极电路直流放大系数

共射极电路直流放大系数是指在静态无信号输入时，三极管集电极电流 I_C 和基极电流 I_B 的比值，用公式表示为

$$\overline{\beta}=I_C/I_B$$

（2）共射极交流放大系数

共射极交流放大系数是指在交流状态下，集电极电流的变化量 ΔI_C 和极基极电流的变化量 ΔI_B 的比值，用公式表示为

$$\beta=\Delta I_C/\Delta I_B$$

同一个三极管，在相同工作条件下，$\overline{\beta}\approx\beta$。选用三极管时，其 β 值应恰当，一般 β 值取在 20～100 之间。

（二）表征稳定性的参数

1. 集电极一基极反向饱和电流 I_{CBO}。它是指当发射极开路时，集电极和基极之间的反向饱和电流。这个参数受温度影响较大，这个电流应越小越好。

2. 集电极一发射极反向饱和电流，又称穿透电流 I_{CEO}。它是指基极开路时，集电结反偏和发射结正偏时的集电极电流，好像是从集电极直接穿透三极管而到达发射极的。在实际应用中，I_{CEO} 也是越小越好。I_{CEO} 与 I_{CBO} 有如下关系

$$I_{CEO}=(1+\beta)I_{CBO}$$

（三）表征极限的参数

1. 集电极最大允许电流 I_{CM}。当集电极电流超过一定值时，三极管的 β 值就要下降，I_{CM} 就是表示当 β 值下降到正常值 2/3 时的集电极电流。当集电极电流超过 I_{CM} 一些时，管子不一定损坏，但 β 值会显著下降，影响放大质量。

2. 集电极一发射极反向击穿电压 $U_{(BR)CEO}$。基极开路时，集电极与发射极之间所能承受的最高反向工作电压。若 U_{CE} 超过此值会造成三极管击穿。

3. 集电极最大允许耗散功率 P_{CM}。它是指三极管参数变化不超过规定允许值时的最大集电极耗散功率。

P_{CM}与三极管的最高允许温度和集电极最大电流有密切联系。三极管在使用时，实际功率不允许超过P_{CM}的值。P_{CM}与I_C和U_{CE}之间的关系为

$$P_{CM} \geqslant I_C U_{CE}$$

即三极管在工作时，是不允许同时到达I_{CM}和U_{CE}的，否则集电极功耗将大大超过P_{CM}的值，使三极管因过载而损坏。

技能性实训

半导体器件的认读与检测

一、实训目的

掌握各种半导体器件的识别与检测技能。

二、实训器材

（有和无标记的好）坏二极管、三极管各 2 只，万用表 1 块。

三、实训指导

（一）半导体二极管的检测方法

1. 观察法识别二极管：有的二极管极性用二极管符号直接标在外壳上，箭头指向的一端为负极；有的用色环或色点来标示（靠近色环的一端是负极，有色点的一端是正极）；有的直接标上“–”号。

2. 万用表测试法

（1）二极管极性的测量。根据二极管正向电阻小，反向电阻大的特点，利用万用表进行测试：功能开关置于欧姆挡“$R \times 100$”或“$R \times 1$ K”挡位，用红、黑表笔任意测量两管脚间的阻值，记录结果后，交换两表笔再测量一次，以阻值较小的一次测量为准，黑表笔所接的一端为正极，红表笔接的一端为负极。

（2）二极管好坏的判断。① 测量正向电阻：功能开关置于“$R \times 1$ K”挡位，红表笔接负极，黑表笔接正极，记录测量结果。② 测量反向电阻：功能开关置于“$R \times 1$ K”挡位，黑表笔接负极，红表笔接正极，记录测量结果。③ 根据下

表，判断二极管的好坏。

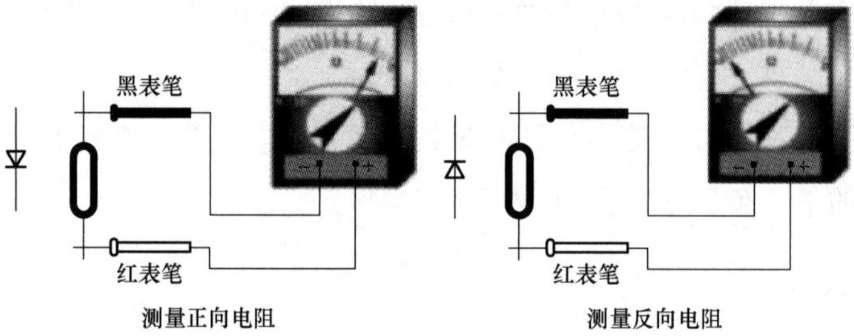

图 5-20　用万用表测量二极管

表 5-2　二极管检测方法

检测结果		二极管状态	性能判断
正向电阻	反向电阻		
几百欧至几千欧	几十千欧至几百千欧	单向导电	正常
趋于无穷大	趋于无穷大	正负极已经断开	开路
趋于零	趋于零	正负极已经导通	短路

（二）半导体三极管的检测方法

1. 从封装及外形上识别管脚

（1）中小功率塑料三极管。平面朝向自己，三个引脚朝下放置，一般从左到右依次为发射极 E、层极 B、集电极 C。

（2）小功率金属封装三极管。金属帽底端有一个小突起，距离这个突起最近的是发射极 E，然后顺时针依次为基极 B、集电极 C；没有突起的顺时针管脚仍然依次为发射极 E、基极 B、集电极 C。

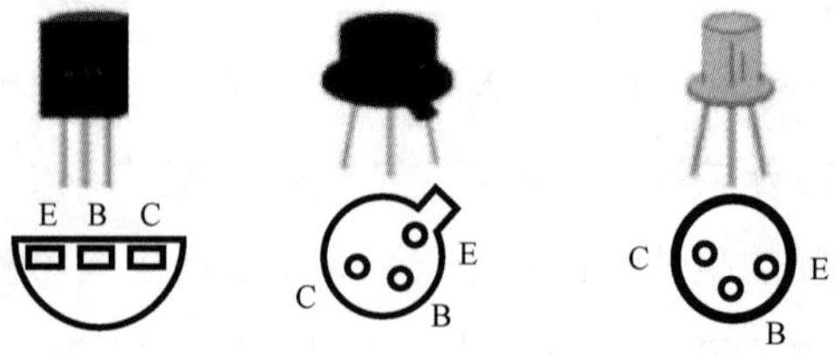

图 5-21　三极管引脚排列规律

2. 万用表测试法：将万用表调至欧姆挡“$R\times100$”或“$R\times1$ K”挡位

（1）判断基极 B 和管子类型。假设任意管脚为基极，用黑表笔接假定的基极，用红表包分别接触另外两个极，若测得两次电阻和小，则黑表笔接触的为 B 极，同时管子为 NPN 管；同理如果都大，则为 PNP 型。

（2）判断集电极。两次假设，两个电路（NPN 与 PNP 型直流放大电路）判断集电极。确定基极后，假设余下管脚之一为集电极 C，另一为发射极 E，用手指分别捏住 C 极与 B 极（即用手指代替基极电阻/金）。同时，将万用表两表笔分别与 C、E 接触，若被测管为 NPN 型，则用黑表笔接触 C 极、用红表笔接 E 极（PNP 管相反），观察指针偏转角度；然后再假设另一管脚为 C 极，重复以上过程，比较两次测量指针的偏转角度，大的一次表明大，管子处于放大状态，相应假设的 C、E 极正确。

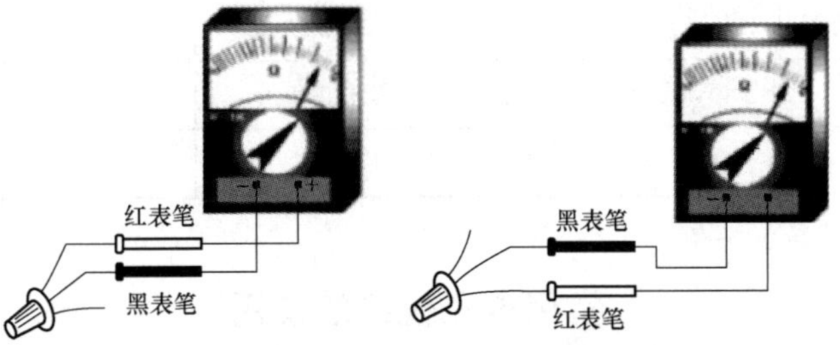

图 5-22　三极管基极和管型的判别方法

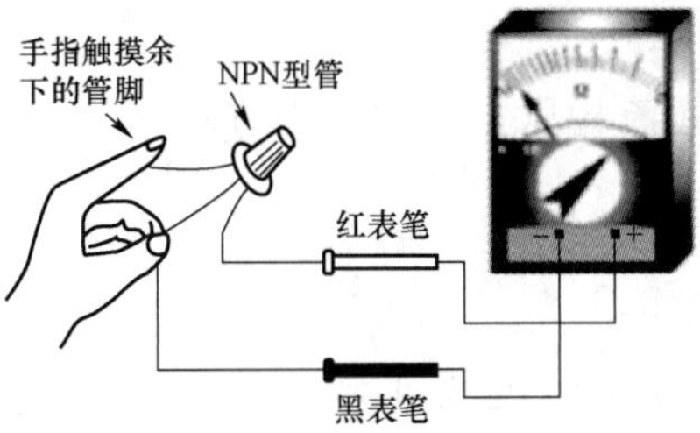

图 5-23　三极管集电极和发射极的判别方法

四、实训内容

二极管、三极管管脚的判别和性能好坏的判断。

五、实训步骤

1. 测试有标记、无标记的二极管的极性和性能好坏。
2. 判断三极管的管脚极性。

3. 训练完毕，写出实训报告。报告中写出元器件的测试方法，测试难点与收获。

六、成绩评分标准

表 5-3　成绩评分标准

序号	主要内容	评分标准	配分	得分
1	有标记二极管的极性判断	不会判断扣 20 分	20	
2	有标记二极管的性能测试	不会测试扣 20 分	20	
3	无标记二极管的极性判断	不会判断扣 20 分	20	
4	无标记二极管的性能测试	不会测试扣 20 分	20	
5	三极管管脚的判别	不会测试扣 20 分	20	
合计总分				

常用电子仪器的使用

一、实训目的

掌握双踪示波器及直流稳压电源的使用方法。

二、实训器材

双踪示波器 1 台；直流稳压电源 1 台；万用表（MF47 型）1 块；有源音箱 1 台；单相交流电源（220 V）1 个。

三、实训指导

（一）示波器的使用

示波器是一种具有图形显示的电压表，它能在屏幕上以图形的形式直接显示信号电压随时间的变化，即波形，可以测量信号的幅度、频率、还可以比较相位等。一切可以转化为电压的电量和非电量都可以用示波器来观察。

下面来学习示波器的基本使用方法，图 5-24 是双踪示波器面板结构图。

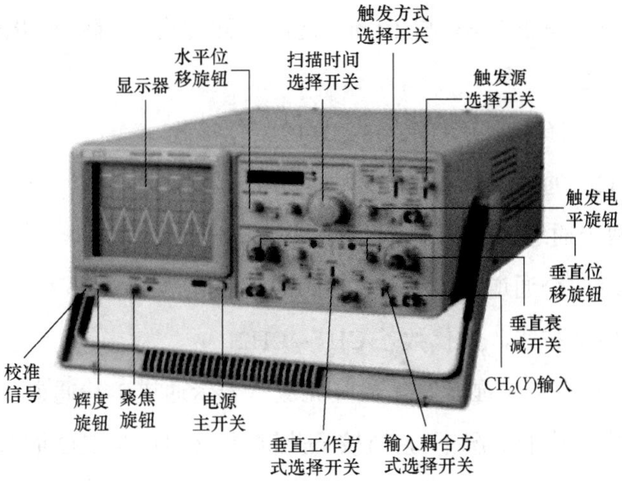

图 5-24　双踪示波器面板结构图

1. 双踪示波器面板按钮操作说明

CRT：

POWER：电源主开关。

EOCUS：聚焦旋钮，调节光线的粗细。

INTEN：辉度旋钮，调节光线的亮度。

轨迹旋钮：半固定的电位器用来调整水平轨迹与刻度线的平行。

垂直轴：

CHI（*X*）输入：在 *X*-*Y* 模式下，作为 *X* 轴输入端。

CH2（*Y*）输入：在 *X*-*Y* 模式下，作为 *Y* 轴输入端。

AC-GND-DC：选择垂直轴输入信号的输入方式。

AC：交流耦合。

GND：垂直放大器的输入接地，输入端断开。

DC：直流耦合。

V/Div 垂直衰减开关：调节垂直偏转灵敏度从 5 mV/Div-5 V/Div。

垂直微调：

DC BAL：直流平衡调整。

（1）将 CHl 和 CH2 的输入藕合开关设定为 GND，触发方式为自动，将光线调到中间位置。

（2）将衰减开关在 5 mV 与 10 mV 之间来回转换，调整 DC BAL 到光迹在零水平线不移动为止。

垂直位移：选择 CHl 和 CH2 放大器的工作模式。

CHI 或 CH2：通道 1 或通道 2 单独显示。

DUAL：两个通道同时显示。

ADD：显示两个通道的代数和 CH1＋CH2。

按下 CH2INV 按钮，为代数差 CH1－CH2。

ALT/CHOP：在双踪显示时，放开此键，表示通道 1 与通道 2 交替显示（通常用在扫描速度较快的情况下），当按下此键时，CH1 和 CH2 同时断续显示（通常用在扫描速度较慢的情况下）。

CH2INV：通道 2 的信号反向，当此他按下时，通道 2 的信号以及通道 2 的触发信号同时反向。

触发

外触发输入端子：用于外部触发信号。当使用该功能时，触发源选择开关应设置在 EXT 的位置上。

触发源选择：选择内（INT）或外（EXT）触发。

CHI/CH2：当垂直方式选择开关设定在 DUAL 或 ADD 状态时，选择通道 1/2 作为内部触发信号源。

LINE：选择交流电源作为触发信号。

EXT：用外部触发信号作为触发信号源。

极性：触发信号的极性选推“＋”上升沿触发，下降沿触发。

触发电平：显示一个同步稳定的波形，并设定一个波形的起始点。向“＋”旋转触发电平向上移，向“–”旋转触发电平向下移。

触发方式：AUTO NOKM TV-V TV-H。

触发电平锁定（Lock）：触发电平被锁定在一固定电平上，这时改变扫描速度或信号幅度时，不再需要调节触发电平即可获得同步信号。

时基

水平扫描速度开关：扫描速度可以分为 20 挡，从 0.2 μs/div 到 0.5 s/div。

水平微调

水平位移：调节光迹在屏幕上的水平位置。

扫描扩展开关：按下时扫描速度扩展 10 倍。

2. 示波器的基本使用方法

（1）接通电源：按下电源开关，先预热 15 min，然后调整各旋钮。

（2）初始状态设置：

O 将“扫描方式开关”置于“AUTO”位置；

O 调节“水平位移旋钮”和“垂直位移旋钮”，使光迹移到荧光屏中央的位置；

O 调节“辉度旋钮”把光迹的亮度调到最佳的程度；

O 调节“聚焦旋钮”使光迹清晰。

（3）调出稳定波形：

O 在 CH1/CH2 输入端连接被观测信号；

O 按下“CH1”或“CH2”选择显示通道；

O 调整 LEVEL 使输出波形稳定；

O 调节垂直衰减开关和扫描时间选择开关，使荧光屏上至少显示出一个完整的波形。

（4）观察信号波形。

（二）直流稳压电源的使用

在调试电子电路及维修电子仪器中，直流稳压电源是不可或缺的电子设备。

图 5-25 是直流稳压电源的面板结构图，下面来学习直流稳压电源的基本使用方法。

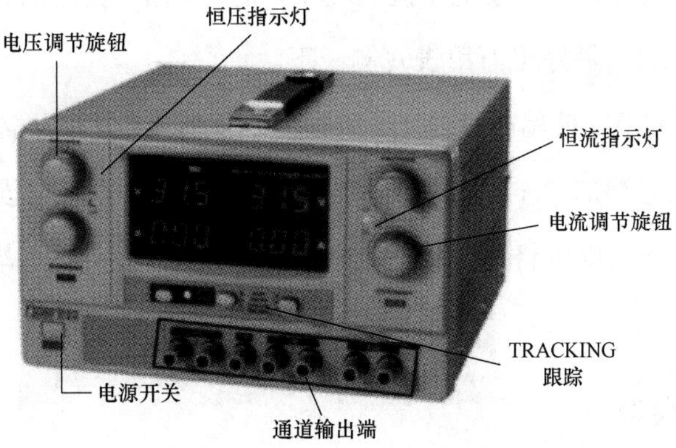

图 5-25　直流稳压电源面板结构图

1. 直流稳压电源面板按钮操作说明

“POWER”——电源开关。按下此键，电源接通。

“VOLTAGE”——电压调节旋钮.

“C.V”恒压指示灯。

“CURRENT”——电流调节旋钮。

“C.C”——恒流指示灯。

“TRACK”——跟踪。

“V/I”——主（从）路电压/电流开关。

2. 直流稳压电源使用方法

（1）打开电源前，设定各控制按钮如表 5-4 所示。

表 5-4　各控制按钮的设定

调节旋钮	位置
电源	置于断开位置
电压调节旋钮	调至中间位置
电流调节旋钮	调至中间位置
电压/电流开关	弹出位置
跟踪	弹出位竟
GND	“–”端接 GND

（2）打开电源开关，调整电压调节旋钮，同时观察电压表的度数，使输出电压的大小符合要求，最好用万用表笈测一下。

（3）接用电设备。使用时，注意所需直流电压的极性。如果需要输出正电压，则应将直流稳压电源的“+”端接所需正电压端，“–”接用电设备的“地”；如果需要输出负电压，则应将直流稳压电源的“–”接所需负电压端，“+”接用电设备的“地”。

四、实训内容

双踪示波器及直流稳压电源的使用方法。

五、实训步骤

1. 查阅本实训所使用电子仪器的使用说明资料，了解各仪器的面板标志、操作要领及注意事项。

2. 示波器的使用练习：用示波器测量单相交流电的峰值、周期。

3. 直流稳压电源的使用

（1）调节直流稳压电源，使其输出直流电压依次为 3 V，6 V，9 V，12 V，36 V。

（2）使用万用表测量输出电压。

六、成绩评分标准

表 5-5　成绩评分标准

序号	主要内容	评分标准	配分	得分
1	用示波器测量单相交流电的峰值、周期	操作步骤 20 分 测量单向交流电的峰值 10 分 测量单向交流电的周期 10 分	40	
2	调节直流稳压电源，使其输出电压依次为 3 V，6 V，9 V，12 V，36 V	操作步骤 20 分输出结果 20 分	40	
3	使用万用表测量直流稳压电源的输出电压	测量结果 10 分	10	
4	文明操作	安全用电、爱护仪器 10 分	10	
合计总分				

第六章

直流稳压电源

在信息化时代，人们的生活越来越离不开电子设备，而任何设备都离不开电源电路，如果电源电路不稳定会极大的影响到人们应用电子设备的质量，如计算机不能正常工作，手机不能正常使用，电动车不能正常驾驶，电视机不能正常观看，MP3 音乐变成噪声等。因此电源的稳定对人们非常重要，而现在电网采用的是交流供电方式，但是在电子与电气设备中都要求用直流电源供电，比较经济实用的办法就是利用直流稳压电源将使用广泛的正弦交流电经过变压、整流、滤波和稳压以后得到稳定的直流电压。

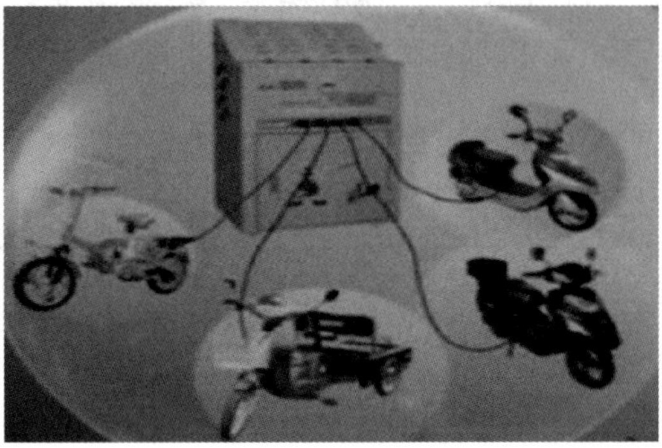

图 6-1　电动车充电

第一节　直流稳压电源的组成

直流稳压电源一般由电源变压器、整流电路、滤波电路和稳压电路四部分组成。如图 6-2 所示，各部分的功能如下。

（1）电源变压器。利用变压器将 220 V 电网电压变换成整流电路需要的交流电压值。

（2）整流电路。利用二极管的单向导电性，将经变压器变压后的交流电压变换成单方向的脉动直流电。

（3）滤波电路。利用电容、电感等储能元件，将单方向的脉动直流电中的所含有的大部分交流成分滤除，得到较为平滑的直流电。

（4）稳压电路。稳压电路是用来消除由于电网电压波动、负载变动对电压产生的影响，使输出电压稳定。

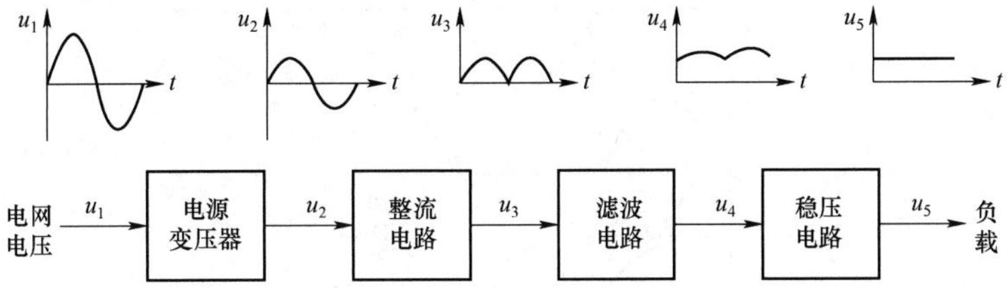

图 6-2　直流稳压电源组成框图

第二节　整流电路

将交流电变换成单向脉动直流电的过程称为整流，利用二极管的单向导电特性实现整流的电路称为整流电路。根据二极管的组合方式不同，整流电路可分为多种。而用于电子仪器电源的整流电路主要是半波整流电路和桥式整流电路。

一、单相半波整流电路

单相半波整流电路是最简单的整流电路。它是利用二极管的单向导电特性，把交流电变换成方向不变，大小随时间变化的脉动直流电。

（一）电路组成

如图 6-3 所示，单向半波整流电路由变压器 T、整流二极管 VD 及负载此组成。

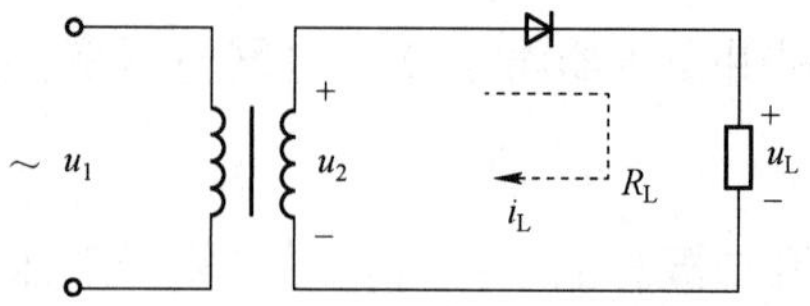

图 6-3 单相半波整流电路

其中变压器 T 的作用是将电源电压 u_1 变换成所需的电压 u_2 供整流使用，变换后的波形图如图 6-4a 所示。它的瞬时表达式为 $u2=\sqrt{2}\,U_2\sin\omega t$。

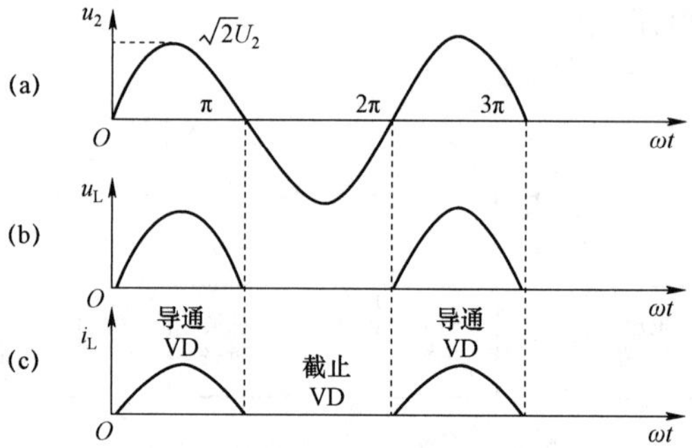

图 6-4 单相半波整流电路波形图

（二）工作原理

在变压器二次电压的力的正半周期内，二极管 VD 导通，电流经过二极管流向负载，在 R_L 上得到一个极性为上正下负的电压；而在 u_2 的负半周期内，二极管承受反向电压而截止，电流基本为零，u_2 几乎全部降落在二极管 VD 上，负载 R_L 上的电压为零。

在下一周期重复上述变化，负载 R_L 上就得到如图 6-4 所示的极性为单方向的电压和电流波形。

（三）单相半波整流电路的参数计算

这种整流电路因只利用了电源电压 u_2 的半个周期，而被称为单相半波整流电路。负载 R_L 上的电压变成了大小随时间变化，方向不变的脉动直流电。

常用一个周期的平均值来表示单相半波整流电路电压的大小，用 U_L 表示为

$$U_L=0.45U_2$$

流过负载电阻 R_L 的电流平均值为

$$I_L = U_L/R_L \approx 0.45U_2/R_L$$

流经整流二极管的电流平均值 I_D 就是流经负载 R_L 的电流平均值 I_L，即

$$I_D = I_L = U_L/R_L \approx 0.45U_2/R_L$$

二极管截止时承受的最高反向电压外” 就是变压器二次电压 u_2 的最大值，即

$$U_{RM} = \sqrt{2}\,U_2$$

根据 I_D 和 U_{RM} 可以选择合适的整流二极管。在实际应用中，考虑到电网电压波动等因素的影响二极管参数可适当选大一些。

（四）单和半波整流电路的特点

电路简单，使用元器件少，但电源利用率低，输出电压脉动大，因其整流效率较低，一般只用于小功率及输出电压波形和整流效率要求不高的设备。

二、单相桥式整流电路

为了克服半波整流电路电源利用率低，输出脉动大的缺点，常采用单相桥式整流电路。桥式整流电路是电子设备中使用最为广泛的整流电路。

（一）电路组成

如图 6-5（a）所示单相桥式整流电路由变压器 T，四个接成电桥形式的二极管（VD_1～VD_4）及负载此组成。图 6-5（b）是它的简化画法。

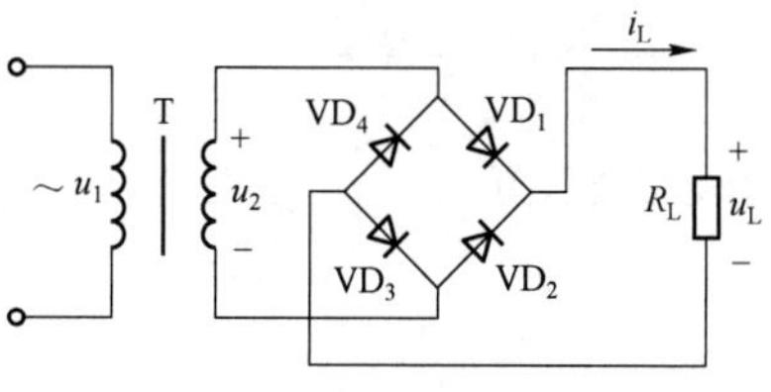

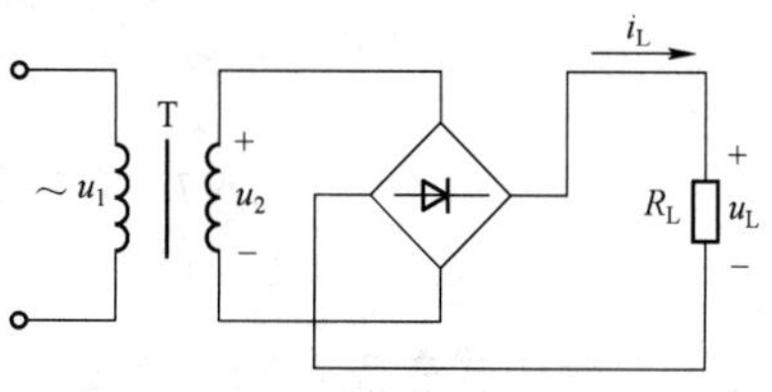

图 6-5 单相桥式整流电路

（二）工作原理

在变压器二次电压 u_2 的正半周内，二极管 VD_1、VD_4 导通，VD_2、VD_4 截止，电流 I_{L1} 的通路为，$A \rightarrow VD_1 \rightarrow R_L \rightarrow VD_3 \rightarrow B \rightarrow A$，如图 6-6（a）所示。这时，负

载心上得到一个上正下负的半波电压。

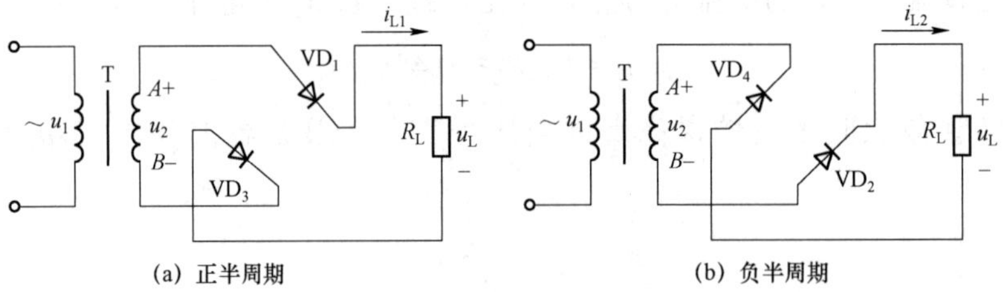

图 6-6　单相桥式整流电路的电流通路

在 u_2 的负半周内，二极管 VD_2、VD_4 导通，VD_1、VD_3 截止，电流 I_{12} 的通路为 $B \to VD_2 \to R_L \to VD_4 \to A \to B$，如图 6-6（b）所示。同样，负载 R_L 上也得到一个上正下负的半波电压。

这样，无论是正半周期还是负半周期负载 R_L 上都有同一方向的电流流过 R_L。四个二极管，两两轮流导通，在负载 R_L 就就得到如图 6-7 所示的极性为单方向的电压和电流的全波波形。

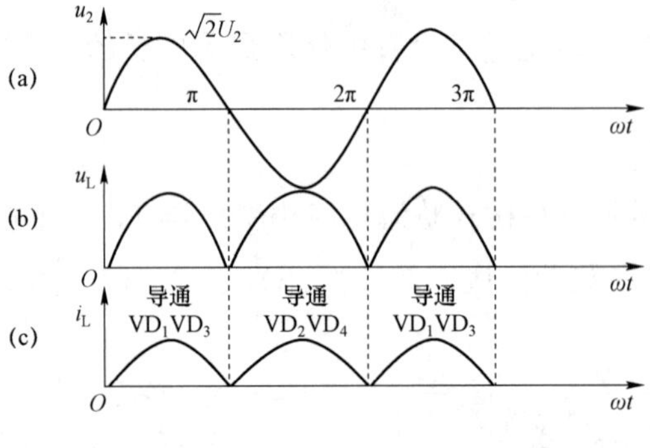

图 6-7　单相桥式整流电路波形图

（三）单相桥式整流电路的参数计算

1. 负载 R_L 输出电压和电流的计算。在单相桥式整流电路中，在输入信号的一个周期内，负载 R_L 上得到两个半波，因此，在同样的 U_2 时，桥式：整流电路输出的电流和电压均比半波整流大一倍。则

负载 R_L 直流输出平均值

$$U_L \approx 0.9U_2$$

流过负载 R_L 的直流电流平均值

$$I_L = U_L/R_L \approx 0.9U_2/R_L$$

2. 整流二极管的平均整流电流 I_D。在单相桥式整流电路中，因为二极管 VD_1、VD_3 和 VD_2、VD_4 是轮流导通的，所以流经每个管子的平均电流为

$$I_D = 1/2I_L = 0.45U_2/R_L$$

3. 整流二极管承受的最大反向电压 U_{RM}。由于截止时的两只二极管是并联接在变压器的二次测的，每只二极管所承受的最大反向电压就是 U_2 的最大值，即

$$U_{RM} = \sqrt{2}\,U_2$$

（四）桥式整流的特点

单相桥式整流电路的直流输出电压高，输出电压脉动较小，而且电源变压器在每半周内都有电流供给负载，变压器得到了充分利用，效率较高。为此，桥式整流电路在仪器仪表、通信、控制装置等设备中都获得了较为广泛的应用。

第三节　滤波电路

单相半波和单相桥式整流电路，虽然都可以把交流电转换成直流电，但是得到的是脉动直流电压，其中含有较大的交流成分，因此还不能直接加到电子电路中，必须尽可能滤除它的交流成分这就是滤波，这样的电路叫做滤波电路。滤波电路一般由电抗元件组成，利用电抗元件的储能特性能实现滤波。常用的储能元件有电感和电容，常见的滤波电路有电容滤波，电感滤波和复式滤波电路。

一、电容滤波电路

电容滤波电路是最简单的滤波电路，它是在整流电路的负载上并联一个电容“C”，如图 6-8 所示。

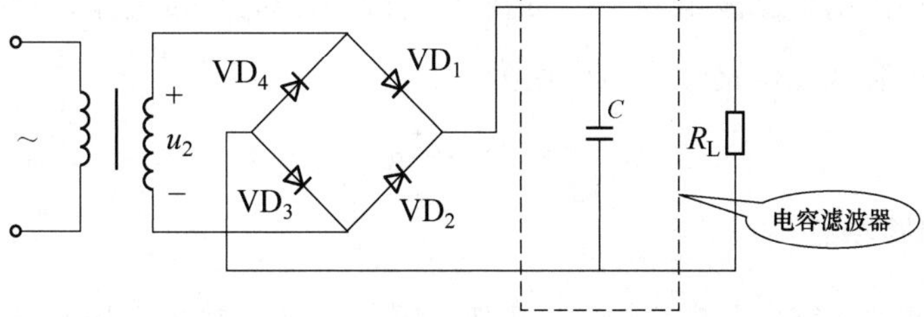

图 6-8　单相桥式整流电容滤波电路

电容器不消耗电能，它在电路中具有贮存和释放能量的作用。当电压升高时，它把部分能量贮存起来；当电源电压降低时，它就把贮存的能量释放出来，从而减小脉冲成分，使输出电压变得平滑，因此电容器具有滤波作用。

（一）工作原理

当变压器二次测电压 U_2 处于正半周时，并且数值大于电容两端电压 U_C 时，二极管 VD_1、VD_3 导通，这时整流电压给电容 C 充电，如图 6-9 中 AB 段。当 U_2 达到峰值以后开始下降，使得 $U_2<U_C$，二极管截止，电容 C 通过负载 R_L 开始放电，其电压 U_C 也开始下降，如图 6-9 中的 BC 区段。因为电容器放电速度缓慢，所以 U_C 不能迅速下降，如图 6-9 中 CD 段。

U_2 进入负半周后，另一对二极管 VD_2、VD_4 导通，当达到 $U_2>U_C$ 时，电容器再次充电，如 DE 段，重复上述过程。如此周而复始地进行充、放电，负载 R_L 上得到如图 6-9 所示的输出电压波形图。显然，经电容滤波后，输出电压变平滑了，交流成分大大减少了，直流成分明显提高。

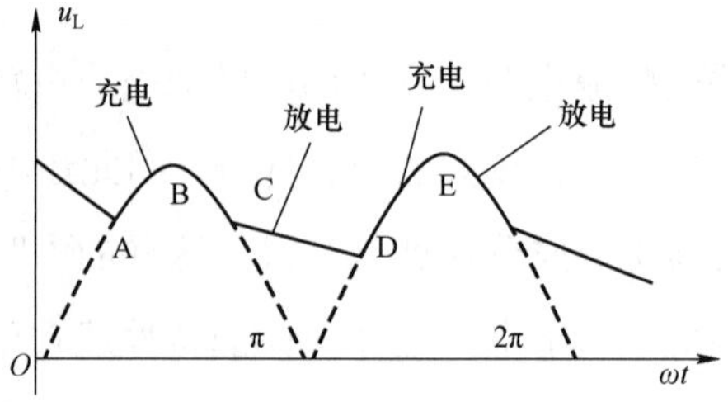

图 6-9　单相桥式整流电容滤波波形图

（二）滤波输出电压值

无电容滤波电路中，负载 R_L 上的电压 $U_L\approx0.95U_2$。经电容滤波后，每周时间内电压波形所包含的面积有所扩大，也即输出的电压有所提高。至于具体输出电压值的大小，则与滤波电容 C、负载 R_L 的大小都有直接关系，根据经验，一般桥式整流电容滤波电路输出电压值为

$$U_L\approx1.2U_2$$

（三）电路特点

在电容滤波电路中，R_LC 越大，电容 C'放电越慢，输出电压脉动就越小，输

出的百流电压就越大，滤波效果也越好。但当采用的滤波电容很大时，接通电源的瞬间充电电流会特别大。因此，电容滤波一般用于要求输出电压较高，负载电流较小并且变化也较小的场合。

二、电感滤波电路

电容滤波在负载电流较大时，滤波效果差，当一些设备需要脉冲小，输出电流大时，往往采用电感滤波电路，即在整流输出电路中串联带铁芯的大电感线圈，通常称这种线圈为阻流圈，如图 6-10 所示。

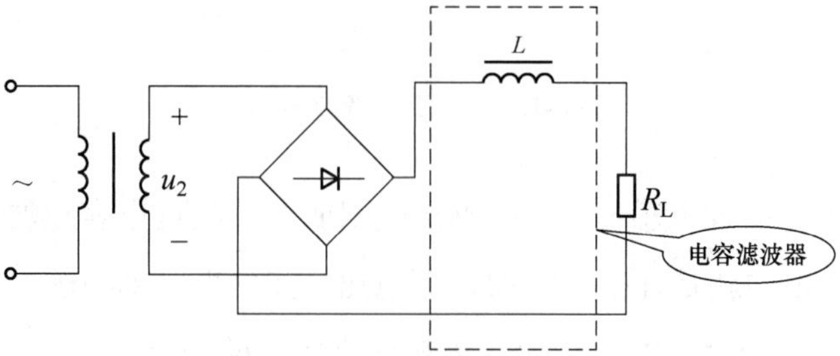

图 6-10 单相桥式整流电感滤波电路

由于电感线圈的直流电阻很小，电路及波形整流输出的电压中的直流成分很容易通过电感线圈，几乎全部加在负载 R_L 上，而交流成分却很难通过，几乎全部降到电感线圈上，从而在负载 R_L 上得到比较平滑的直流电压。如图 6-11 所示。

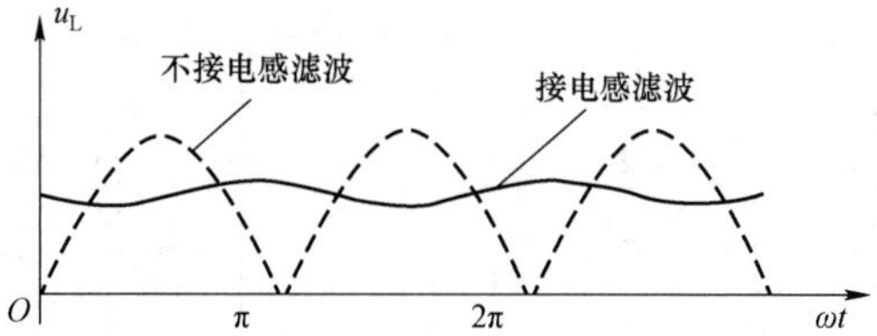

图 6-11 单相桥式整流电感滤波波形图

一般情况下滤波电感 L 越大，滤波效果越好，电感滤波电路输出电压为

$$U_L \approx 0.9U_2$$

三、复式滤波电路

为了进一步减小输出电压的脉动程度，提高滤波效果，可用电容和电感组合

成各种形式的复式滤波电路。

（一）LC-T 型滤波电路

LC-T 型复式滤波电路采用电感滤波和电容滤波组合而成，如图 6-12 所示。

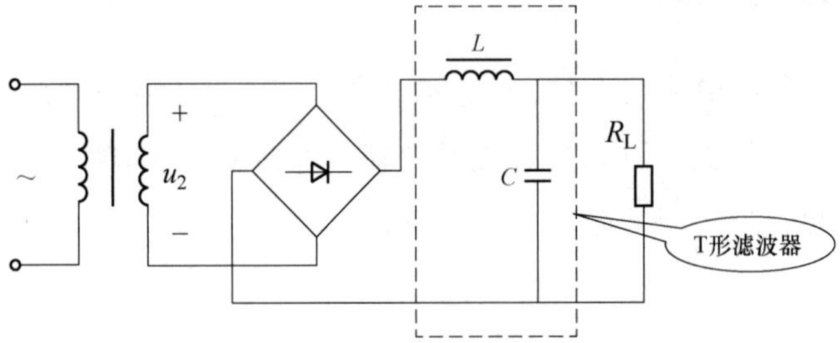

图 6-12 LC-T 型滤波电路

整流输出电压经过电感 L，交流成分被削弱，再经过电容滤波，将交流成分进一步滤除，输出的就是几乎平滑的直流电压。其效果比单纯的电容或电感滤波效果都要好，适用于输出电流较大，负载变化较大的场合。

（二）LC-π 形滤波电路

LC-π 型滤波电路是在 LC-T 型滤波电路的输入端再并联一个电容而成，如图 6-13 所示。

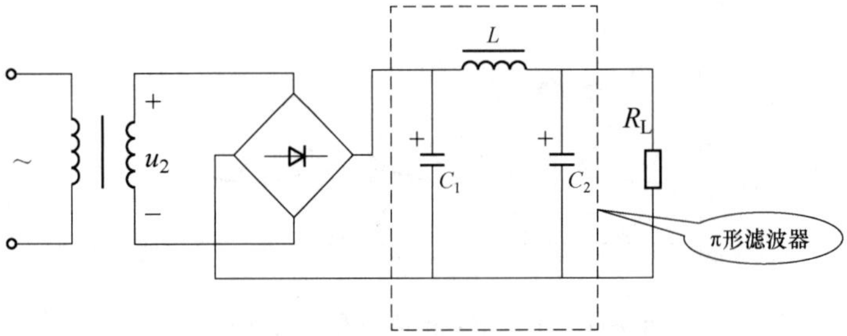

图 6-13 LC-π 型滤波电路

LC-π 型滤波电路经过了电容 C_1、电感 L 和电容 C_2 的三重滤波，滤除了几乎全部的交流成分，使得输出的直流电压更加平滑，滤波效果非常好。但这种滤波电路带负载能力较差。因此，这种滤波电路只适用于电流较小而又要求输出电压脉动很小的场合。

（三）RC-π 型滤波电路

在负载电流不大时，为缩小体积，减少质量，降低成本常选用电阻器 R 来代替 L，如图 6-14 所示。但这种滤波电路 R 上要损失一部分电流能量，故它只适用于负载电流较小的场合。

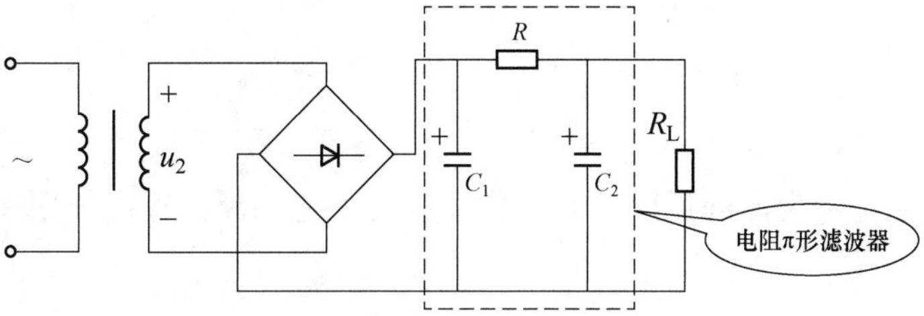

图 6-14　RC-π 型滤波电路

第四节　稳压电路

在各种电子设备和装置中，都需要稳定的直流电压，但是经过整流滤波后的电压还会受电网电压波动、负载及温度变化等的影响而随之变化，为了能够提供更加稳定的直流电源，在整流滤波电路之后，还需接稳压电路。

一、简单硅稳压电路

硅稳压管在直流稳压电路中获得广泛应用。简单的稳压电路如图 6-15 所示。

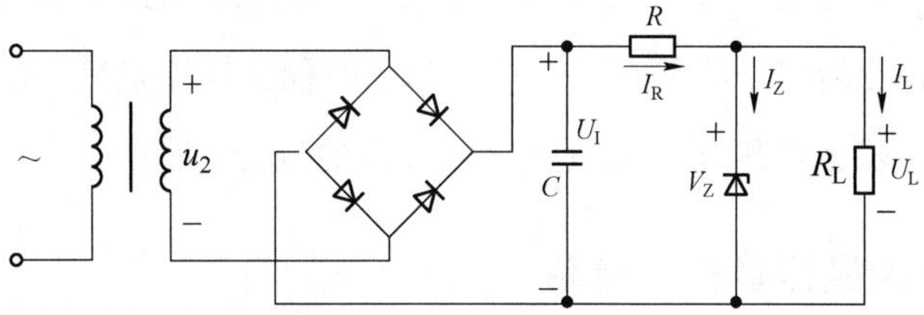

图 6-15　简单的硅稳压电路

稳压管 V_L 与负载 R_L 并联，故属于并联稳压电路，串联电阻 R 为限流电阻。稳压管只有与限流电阻配合使用才能起到稳压作用。

1. 负载电阻 R_L 不变，而电网电压升高时，电路的传输作用使输出电压，即稳压管两端电压也升高。由稳压管的反向击穿特性可知，I_Z 将显著增加，于是电流 $I_R = I_L + I_Z$ 也加大，所以 U_R 升高，即输入电压的增量基本落在电阻 R 上，从而使输出电压基本保持不变，达到了稳定输出电压的目的，上述稳压过程可表示为

$$U_2\uparrow \rightarrow U_L\uparrow \rightarrow I_Z\uparrow \rightarrow I_R\uparrow \rightarrow U_R\uparrow \rightarrow U_L\downarrow$$

同理，当电网电压降低时，其工作过程与上述相反，输出电压 U_L 仍保持基本不变。

2. 当电网电压不变，负载电阻 R_L 减小时，负载 R_L 上的电流 I_L 增大，电阻 R 上的电流 $I_R = I_L + I_Z$ 增大，则 $U_R = I_R R$ 也增大，这将引起输出电压 U_Z 的下降，由稳压管的反向击穿特性可知，U_Z 的略有减小，稳压管电流 I_Z 将显著减小，I_Z 的减小量将补偿 I_L 所需的增加量，使得 I_R 基本保持不变，从而输出电压 $U_L = U_I\text{-}I_R R$ 也就基本稳定下来了。

上述稳压过程可表示为

$$R_L\downarrow \rightarrow I_L\uparrow \rightarrow I_R\uparrow \rightarrow U_Z\downarrow \rightarrow I_Z\downarrow \rightarrow I_R\downarrow \rightarrow U_L\uparrow$$

同理，当负载 R_L 电阻增大时，其工作过程与上述相反，输出电压 U_L 仍保持基本不变。

综上可知，硅稳压管稳压原理是利用稳压管两端电压的微小变化，引起电流 I_Z 的较大变化，通过电阻 R 起到调压作用，从而达到稳定电压的目的。

硅稳压管稳压电路结构简单、制作容易，但稳压性能较差，而且不能任意调节，一般只用于输出电压固定且负载电流较小的场合。

二、串联型晶体管稳压电路

简单的硅稳压电路，因其结构特点，使之在要求具有高稳定精度和较大输出电流的场合并不适用，采用具有电流放大作用的串联型晶体管稳压电路。

典型的串联型晶体管稳压电路如图 6-16 所示。

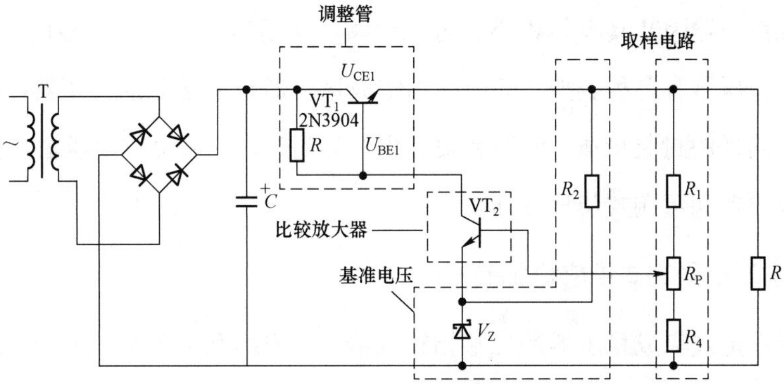

图 6-16　典型的串联型晶体管稳压电路

它通常由调整管、比较放大管、基准电压和取样电路四部分组成。

（1）调整管 VT_1。它是该稳压电源的关键元件，利用基射极之间的电压 U_{BE} 受基极电流控制的原理与负载 R_L 串联，用于调整输出电压。

（2）基准电压。由 R_2 和稳压管 V_Z 组成。其作用是提供一个稳定性较高的直流电压 U_Z，其中 R_2 为稳压管 V_Z 的限流电阻。

（3）取样电路。由 R_3、R_P、R_4（构成，取出输出电压 U_L 的一部分，送到比较放大管 VT_2 的基极）。

（4）比较放大管 VT_2。其作用是将取样电压 U_{B2} 与基准电压 U_Z 进行比较，经 VT_2 放大后去控制调整管 VT_1。其中 R_1 既是 VT_2 的集电极负载电阻.又是 VT_1 的偏置电阻。

当电网电压波动或负载变化时，输出电压会有上升或下降的趋势。为了使输出电压保持不变，可以利用负反馈原理使其稳定。假使因某种原因使输出电压 U_L 升高，其稳压过程为

$$U_L\uparrow \rightarrow U_{B2}\uparrow \rightarrow U_{BE2}\uparrow \rightarrow I_{B2}\uparrow \rightarrow I_{C2}\uparrow \rightarrow U_{C2}\downarrow \rightarrow U_{BE1}\downarrow \rightarrow I_{B1}\downarrow \rightarrow U_{CE1}\downarrow \rightarrow U_L\downarrow$$

最后使 U_L 基本保持不变。若因某种原因使输出电压 U_L 降低，则进行相反的稳压过程。

三、集成稳压器

利用分立元件组装的稳压电路输出功率大、安装灵活、适应性广，但因其体积大、焊点多、可靠性差而使其应用范围受到限制。随着集成化技术的发展，出现了各种集成稳压器。

集成稳压器因其具有体积小、可靠性高、使用简单等优点而被广泛应用。

集成稳压器有多种类型，其中三端集成稳压器是最常见的稳压器，产品采用和三极管同样的封装形成，使用和安装也极为简便。三端集成稳压器可分为固定式集成稳压器和可调式集成稳压器。

（一）三端固定式集成稳压器

三端固定式集成稳压器的三端指输入端、输出端和公共端。所谓“固定”是指这种稳压器有固定的电压输出。较常用的三端固定式集成稳压器外形如图 6-17（a）、（b）所示。

较常用的有 W7800（正电压输出）系列和 W7900（负电压输出）系列。图形符号如图 6-7（c）所示。

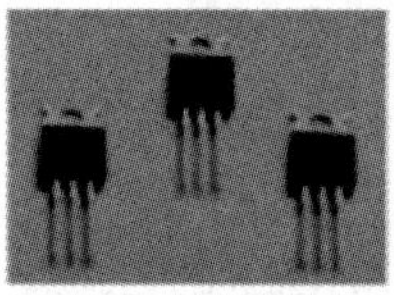
(a) 塑料封装外形图

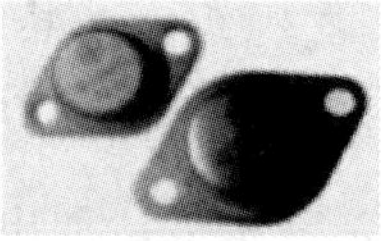
(b) 金属封装外形图

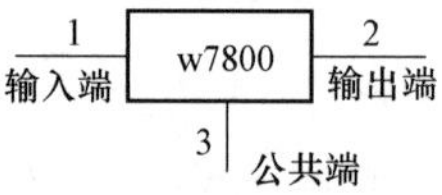

(c) 图形符号

图 6-17　集成稳压器

其型号组成及意义如图 6-18 所示。

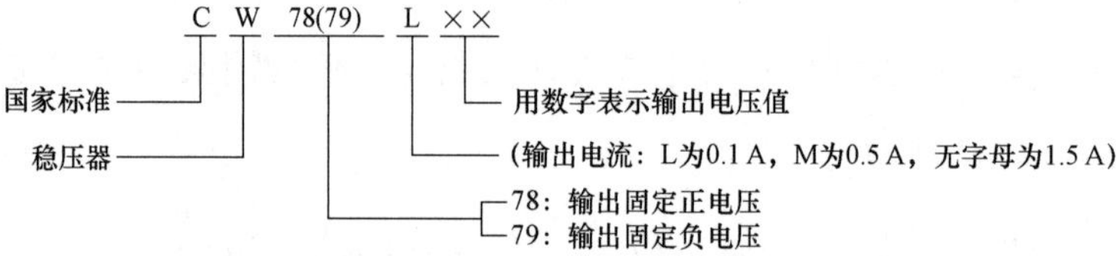

图 6-18　三端固定式集成稳压器的型号组成及意义

例：CW7812 表示输出电压为+12 V，输出电流为 1.5 A 的三端固定式稳压器；CW79M12 表示输出电压为−12 V，输出电流为 0.5 A 的三端固定式稳压器。

集成稳压器输出固定电压的应用电路如图 6-19 所示，其中（a）图输出为固定正电压，（b）图输出为固定负电压。

当需要正、负两组电源输出时，可采用 W7800 和 W7900 系列各一块组成的输出正、负电压电路，如图 6-20 所示。

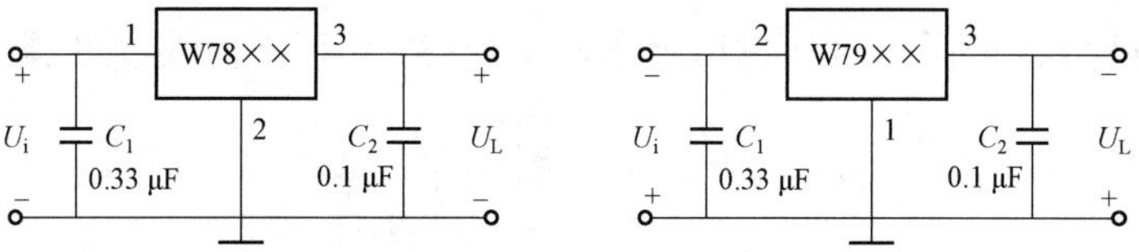

(a) 输出固定正电压　　(b) 输出固定负电压

图 6-19　固定输出集成稳压电路

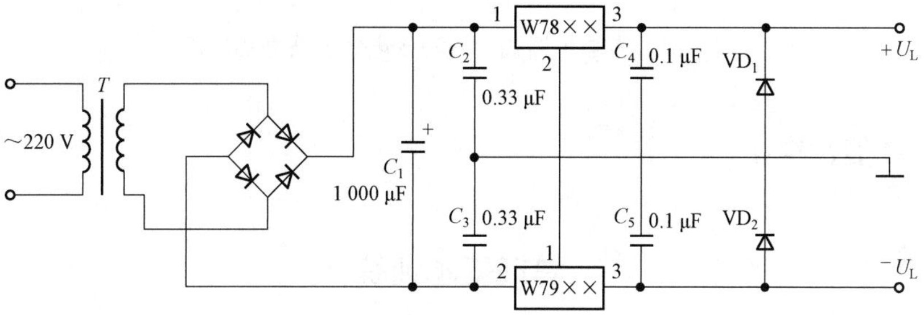

图 6-20　输出正、负电压的稳压电源

（二）三端可调式集成稳压器

三端可调式集成稳压器三端是指输入端，输出端和调整端，输出电压分别在±（1.2～37 V）之间连续可调，它的可调电压也有正、负之分，较常用的有 LM317 和 LM337 系列等。LM317 的外形和引脚排列如图 6-21 所示。

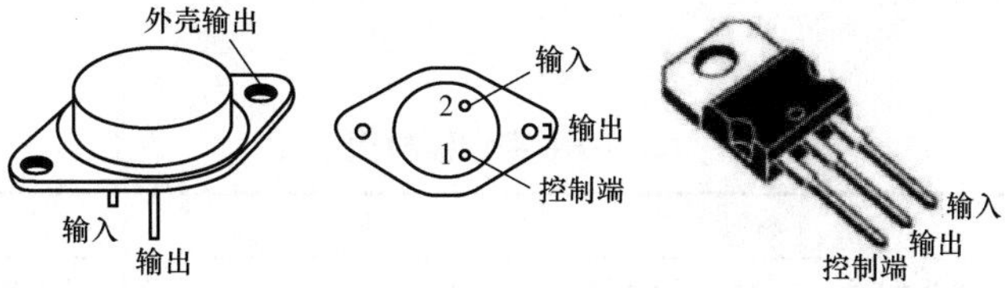

图 6-21　LM317 外形及引脚排列

其型号组成及意义如图 6-22 所示。

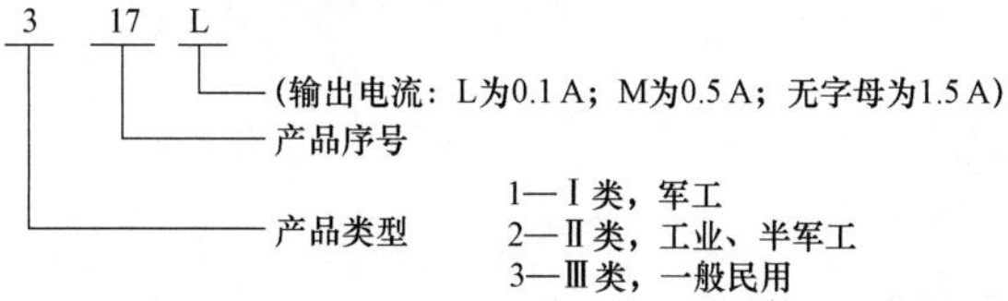

图 6-22　三端可调式集成稳压器型号组成及意义

例：LM317M 表示输出电压在 1.25～37 V 之间连续可调，输出电流为 0.5 A。三端集成可调稳压器的典型应用电路如图 6-23 所示。

通过改变 RP 的阻值可使输出电压在 1.2～37 V 范围内连续可调。

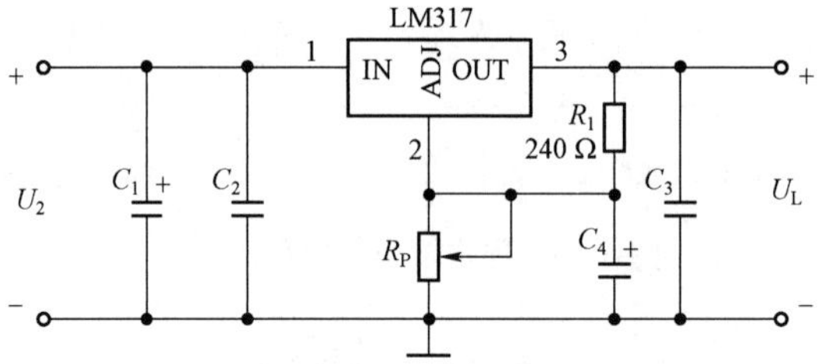

图 6-23　三端可调式集成稳压电路的典型的应用

技能性实训

焊接基本训练

一、实训目的

1. 熟悉焊接工具的结构、焊接材料的性能。
2. 正确使用和维护电烙铁，并能够进行维修。
3. 具有鉴别焊点质量的能力。

二、实训器材

表 6-1　实训器材表

序号	材料	工具
1	含有 50 个空心铆钉的万能板 1 块	电烙铁：35 W，1 把
2	含有 100 个孔的印制电路板 1 块	尖嘴钳：150 mm，1 把
3	焊锡若干	断线钳：150 mm，1 把
4	各种元器件若干	镊子：1 把

三、实训指导

（一）焊接工具与焊接材料

1. 焊接工具——电烙铁

（1）电烙铁的种类。

① 内热式电烙铁。功率有 20 W、35 W 和 50 W 等，特点是质量较轻且价格低，主要用于焊接插装元器件，但烙铁头容易氧化。

② 外热式电烙铁。功率一般为 30 W，使用寿命较长，价钱也不贵，主要用于贴片式元器件的焊接。

③ 大功率外热式电烙铁。主要用于焊接热容量较大的元器件。

④ 手动送锡电烙铁。

（2）电烙铁的结构及各部分的作用

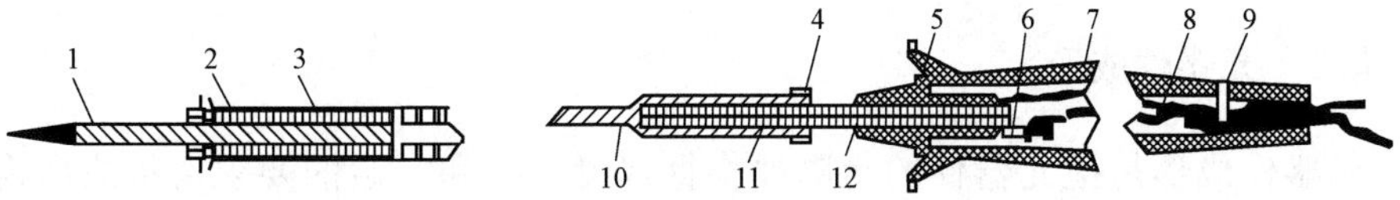

(a) 外热式电烙铁　　(b) 内热式电烙铁

图 6-24　电烙铁结构示意图

1、10. 烙铁头：紫铜材料，用于加热焊盘和元器件的管脚，并融化焊锡

2、11. 烙铁芯：将电能转换成热能　3、12. 外壳　4. 卡箍：紧固烙铁头

5. 手柄：加强绝缘，避免触电，防止烫伤　6. 接线柱：连接电源线和烙铁芯引线　7. 接地线

8. 电源线：接通电源　9. 紧固螺钉：压紧电源线，防止松动

虽然各种类型的电烙铁结构有所不同，但其内部结构都是由发热部分、储热部分和手柄三部分组成。

（3）电烙铁使用前的检测及维修

利用万用表的欧姆挡测量插头两极间的阻值（烙铁芯阻值）。

① 1 500 Ω 左右。正常，可以直接使用。

② 阻值无穷大。断路：电源线断；接线柱处电源线脱落；烙铁芯烧坏。

（4）电烙铁的握法

图 6-25（a），（b）适用于大功率电烙铁，焊接散热量大的元器件。图 6-25（c）

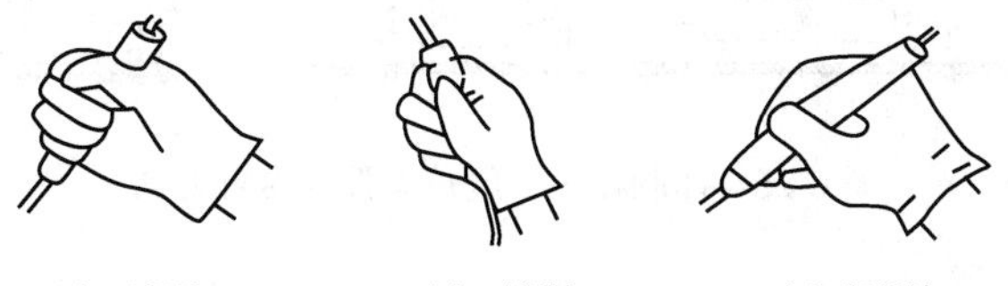

(a) 反握法　　(b) 正握法　　(c) 握笔法

图 6-25　电烙铁的握法

适用于小功率电烙铁，焊接散热量较小的元器件，如焊接电视机、收音机的印制电路板及其维修。

2. 焊接材料

（1）焊料。焊锡，它是铅锡合金，融化的锡具有浸润性，融化的铅具有热流动性，它们可使焊接面和被焊金属紧密连接成一体。

（2）焊剂。去除金属表面氧化物，有利于焊锡的浸润，同时可以防止金属在加热时被氧化，可以帮助得到高质量的焊点。

（二）元器件成形

元器件成形是指元器件的管脚要根据焊盘插孔和安装的要求弯折成所需要的形状，它的工艺要求如下。

1. 管脚成形后，管脚的弯曲部分不允许出现压痕、裂纹。

2. 成形过程中，元器件本体不出现破裂，封装不受损坏。

3. 管脚成形尺寸符合安装尺寸要求。

4. 凡有标记的元器件，成形后，其型号、规格、标志符号应向上、向外，且方向一致，便于目视识别。

5. 元器件管脚弯曲处要有圆弧形。

6. 管脚弯曲处离元件封装根部至少 2 mm 距离。

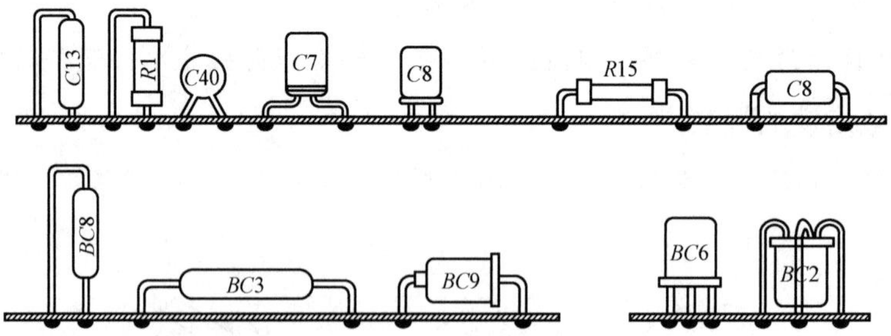

图 6-26　印制板上一般被焊件的装置方法

（三）手工焊接基本技能

焊接五步法的训练，见图 6-27。

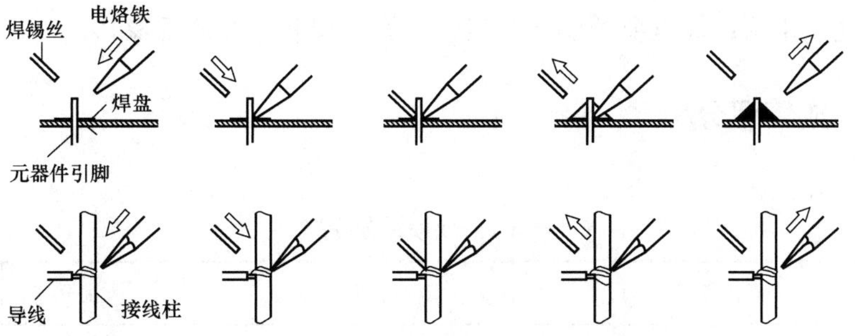

(a) 准备　(b) 加热　(c) 加焊锡　(d) 去焊锡　(e) 去烙铁

图 6-27　焊接步骤

（四）焊点要求

1. 电气性能良好。
2. 具有一定的机械强度。
3. 形状以焊点的中心为界，左右对称，锡点呈内弧形。
4. 焊点表面清洁光亮且均匀。
5. 爆料适量，锡点表面圆满、光滑、无针孔、无松香渍、无毛刺。

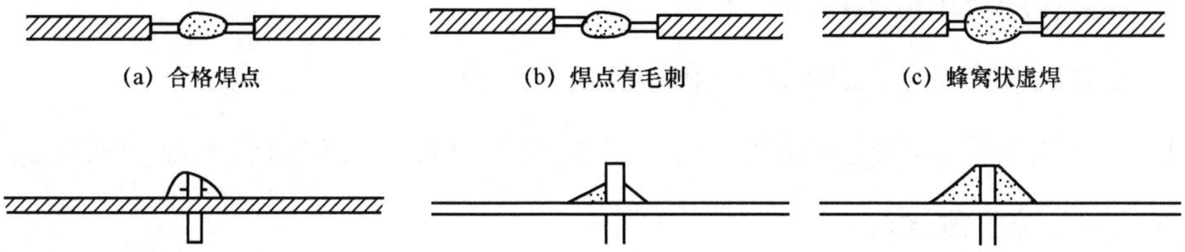

(a) 合格焊点　(b) 焊点有毛刺　(c) 蜂窝状虚焊

(d) 不合格焊点　(e) 锡量过少　(f) 锡量过多

图 6-28　焊点质量示意图

四、实训内容

电烙铁焊接基本训练。

五、实训步骤

1. 发放散装的插针式元器件。
2. 将元器件按照工艺要求进行成形处理，并插装到镀锡万能电路板上。

3. 在镀锡万能电路板上进行元器件的焊接练习。

4. 注意事项：焊点要圆洞、光滑，没有虚焊和连焊的现象。

六、成绩评分标准

表 6-2　成绩评分标准

序号	主要内容	评分标准	配分	得分
1	元器件成形处理	不符合工艺要求，每点扣 1 分	40	
2	万能板上焊接练习	虚焊、焊点毛糙，每点扣 1 分	40	
3	安全文明生产	出现违规使用带电设备，扣 5～10 分	20	

串联型晶体管稳压电源的安装与调试

一、实训目的

1. 认识稳压电源电路中的各元器件。

2. 学会检测稳压电源电路中的各元器件。

3. 能够识读稳压电源的原理图和印制电路板图。

4. 能够独立组装串联型稳压电源，并熟练使用万用表和示波器对稳压电路进行调试和故障检测维修。

二、实训器材

MF47 万用表 1 块，双踪示波器 1 台，直流稳压电源 1 台，常用电子焊接工具 1 套，串联型晶体管稳压电路套件 1 套。

三、实训指导

（一）电路原理图

串联型晶体管稳压电源，是将 220 V，50 Hz 的交流电压转换为稳定直流电的装直。本电路是带 LED 显示的串联型稳压电源。其电路原理如图 6-29 所示。

（二）稳压原理分析

串联型晶体管稳压电源主要由变压、整流、滤波及稳压电路组成，方框图如图 6-30 所示。

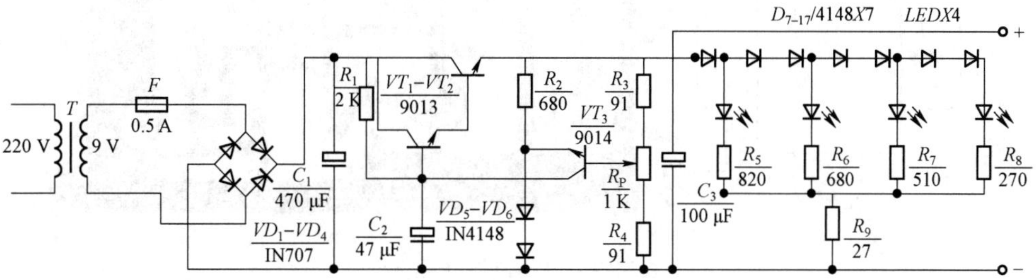

图 6-29　原理电路图

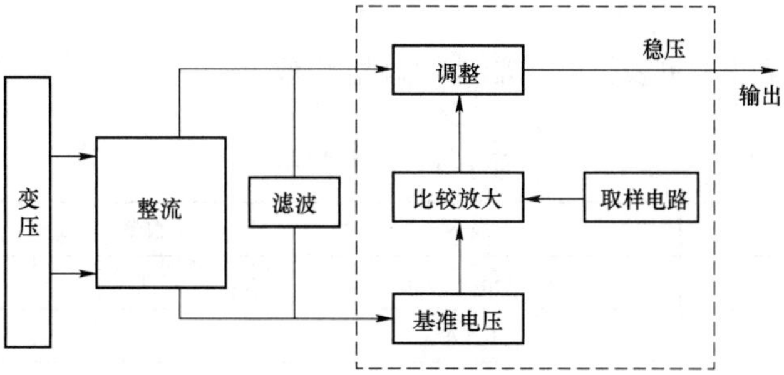

图 6-30　电路组成框图

假设由于某种原因（如电网电压波动或者负载电阻变化等）使输出电压上升，取样电路将这一变化趋势送到比较放大管 VT_1 的基极与发射极基准电压 U_Z 进行比较，并将两者的差值进行放大，晶体管集电极 VT_3 电位降低。由于调整管采用射极输出形式，所以输出电压必然降低，从而保证输出电压基本稳定。

四、实训内容

按照原理图安装并调试串联型晶体管稳压电源电路。

五、实训步骤

1. 识读电路原理图（见图 6-29）和印制电路板图（见图 6-31）。

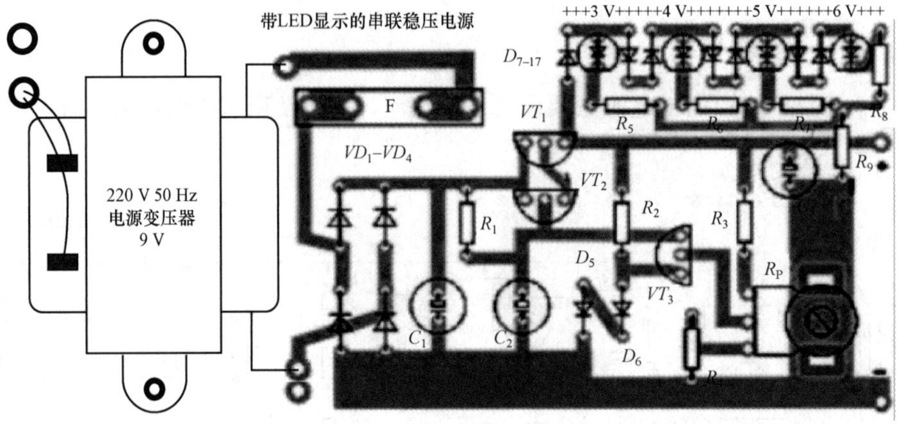

图 6-31　安装电路图（元件面）

2. 安装电路

（1）根据元件清单表核对元器件的规格和数量。

表 6-3　元件清单

名称	规格	数量	备注
覆铜板	120 mm × 64 mm	1	
保险管	0.5 A	1	带插座
电位器	1 k	1	带冒
二极管	IN4007	4	
二极管	IN4148	9	
三极管	9013	2	
三极管	9014	1	
电解电容	470 μF/25 V	1	
电解电容	47 μE/16 V	1	
电解电容	100 μF/25 V	1	
电阻	2 k	1	
电阻	91	2	
电阻	680	2	
电阻	820	1	
电阻	510	1	
电阻	270	1	
电阻	27	1	
LED		4	红色

（2）检测元器件。

（3）元器件成形处理、安装并焊接元器件。稳压二极管应反向连接，电解电容、二极管连接时注意区分极性，不可出现虚焊、漏焊和连焊现象。

3. 调试电路

（1）通电前对电路板进行检测。

检测是否有漏装的元器件和连接导线。

检测二极管、电解电容等器件的极性是否正确。

检测电源是否正常。

（2）通电检测。

空载时工作电压的测量。

U_A/N	U_B/N	U_C/N	U_D/N	U_E/N

稳压电源内阻的测量。

u_0/V	R_L/Ω	U_0'/V	r/Ω

用示波器观察输出电压的波形。自己比较在哪种情况下输出电压的脉动程度较低。最后将观察到的输出电压波形画到表中。

输出电压波形	
接电容C_2和C_3时	不接C_2和C_3时

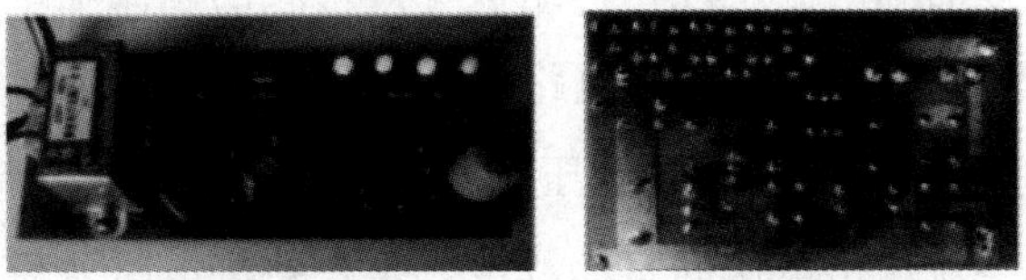

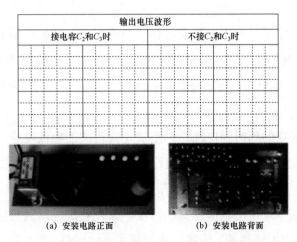

（a）安装电路正面　　（b）安装电路背面

图 6-32　制作完成的串联型晶体管稳压电源

六、成绩评分标准

表 6-4 成绩评分标准

班级		姓名	学号	得分
考核时间		实标时间	自 时 分起至 时 分止	
评价项目	评价内容	配分	评分标准	得分
元器件识别与检测	接电路要求对元器件进行识别与检测	20	元器件识别错 1 个扣 1 分 元器件检测错 1 个扣 1 分	
元器件成形与插装	1. 按工艺要求成形 2. 插装符合工艺要求 3. 排列整齐，标志方向一致	20	不符合工艺要求每处扣 1 分位置、极性错误每处扣 1 分排列不整齐，标志方向乱每处扣 1 分	
焊接	1. 焊点光滑均匀 2. 无虚焊、漏焊、桥焊 3. 导线与焊盘无断裂、翘起、脱落现象 4. 工具、图纸、元器件放置有规律，符合要求	30	不符合工艺要求 1 每处扣 1 分不符合工艺要求 2 每处扣 3 分不符合工艺要求 3 每处扣 5 分不符合工艺要求 4 每处扣 10 分	
测量	1. 正确使用测量仪表 2. 能正确读数 3. 能正确记录	15	1. 测量方法不正确扣 2～6 分 2. 读数不正确扣 2～6 分 3. 记录不正确扣 3 分 4. 仪器使用不正确扣 10 分	
调试	能正确按操作指导对电路进行调整	15	调试失败，扣 15 分 调试方法不正确，扣 2～10 分	
合计总分				

知识小结

1. 直流稳压电源一般由电源变压器、整流电路、滤波电路和稳压电路四个部分组成。整流电路能将交流电变为脉动直流电，滤波电路能使整流输出的脉动直流电变平滑，稳压电路的作用是在电网电压波动或负载发生变化时保证输出电压稳定。

2. 利用二极管的单向导电性，可组成不同形式的整流电路，而用于电子仪器电源的整流电路主要是半波整流电路和桥式整流电路。其中桥式整流应用最多，它具有直流输出电压高，输出电压脉动小、变压器利用率高等优点。

3. 为了降低整流输出电压的脉动程度，常在整流电路之后接上滤波电路。常见的电路形式有电容滤波、电感滤波和复式滤波电路。当负载电流较小时可采用电容滤波；当负载电流较大时可采用电感滤波；当对直流电源要求较高时可采用复式滤波。

4. 经过滤波后的直流电压较为平滑，但仍不稳定，还要加稳压环节。最简单的是硅二极管稳压电路，这种电路利用硅稳压管的稳压特性将限流电阻与稳压管连接而成，它结构简单，但电压的稳定，性能较差，且稳压值不可调。

5. 稳压电路中最常用的是串联型晶体管稳压电路，克服了硅稳压电路的块点，它具有稳定性能好、带负载能力强、稳压值连续可调等优点。它主要由调整管、基准电压、取样电路和比较放大管四部分组成。调整管接成射极输出的形式，利用负反馈原理使输出电压稳定。

6. 三端集成稳压器有三个引出端：输入端、输出端和公共端（调整端）。使用时应注意不同型号的集成稳压器的引脚排列和功能差异。

第七章

放大电路与集成运算放大器

在实践中，放大电路的用途是非常广泛的，它能够利用晶体管的电流控制作用将微弱的电信号放大到所要求的数值。在收音机、扩音机、继电器、测量仪器及 H 动控制装置等设备中都有各式各样的放大电路。放大电路是电子设备中普遍应用的一种基本电路。

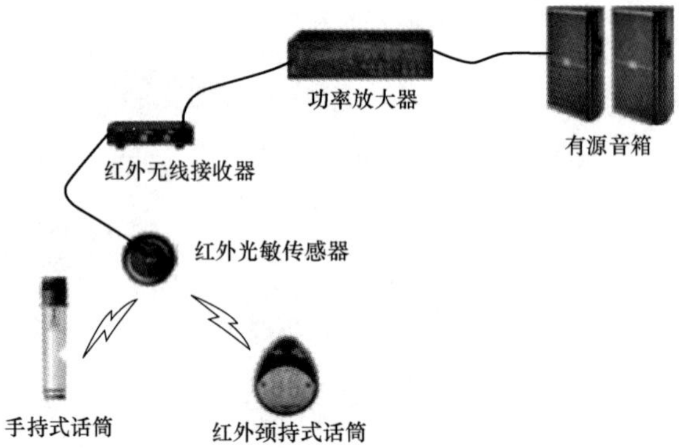

图 7-1　无线扩音设备

第一节　基本放大电路

一、放大电路的基本知识

放大电路简称放大器，它能够将微弱的电信号放大，转换成较强的电信号。例如常见的扩音机，组成框图如图 7-2 所示。

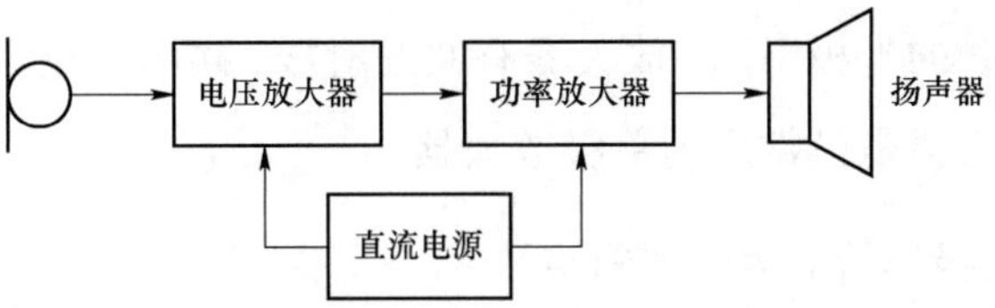

图 7-2　扩音机结构示意图

声音信号经过话筒换成相应的电信号，然后经过电压放大器将前一级的小信号放大到所需要的值，然后再进行大信号的功率放大。电源提供放大器所需的直流电压，最后通过扬声器把放大后的电信号还原成比原来大很多倍的声音信号。扩音机的内部包含两级放大电路，第一级是电压放大电路，第二级是功率放大电路。

实质上，放大的过程是实现能量控制和转换的过程。对放大电路主要有两个方面的要求：第一，要有一定的放大能力，放大后的输出信号电压或输出信号功率要达到所需的要求；第二，失真要小，即放大后输出信号的波形尽可能与输入信号波形保持一致。

放大电路的分类：按电信号的强弱来分，可分为小信号放大器和大信号放大器；按用途来划分，可分为电压放大器、电流放大器和功率放大器；按信号的不同来划分，可分为直流放大器和交流放大器，其中交流放大器按工作频率的高低来分，又可分为低频放大器、中频放大器和高频放大器；按晶体管的连接方式来划分，可分为共射极放大器、共基极放大器和共集电极放大器；按级数来划分，可分为单级和多级放大器；按元器件的集成化程度来划分，可分为分立元件放大电路和集成放大电路。

二、共发射极单管放大器

基本放大器一般是指由一个三极管构成的单级放大器。根据输入、输出回路

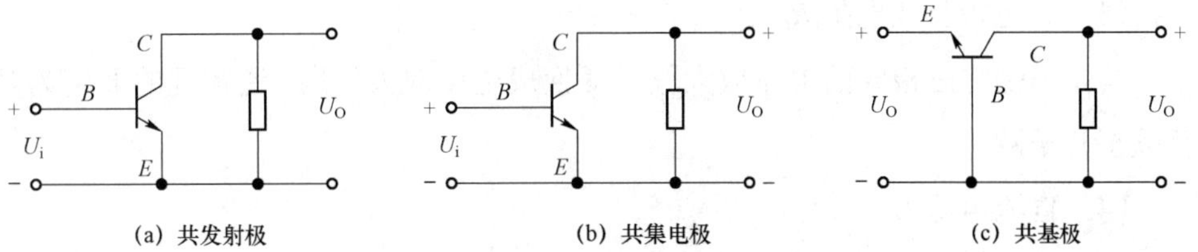

图 7-3　单管放大电路的三种连接方式

公共端所接三极管的电极不同，放大器有共发射极、共集电极、共基极三种形式。共发射极单管放大器是最常用的单级放大器。

（一）共发射极单管放大器的特点

1. 电路组成。图 7-4 是由 NPN 型三极管组成的最基本的共发射极单管放大器，它是最基本的放大电路。整个电路分为输入回路和输出回路两大部分。交流信号 u_i 从基极与发射极构成的输入回路输入，放大后的交流信号 u_0 从集电极与发射极构成的输出回路输出到外接负载 R_L 上。三极管的发射极接地，它作为输入、输出网路的公共端，所以这种放大电路称为共发射极放大电路。

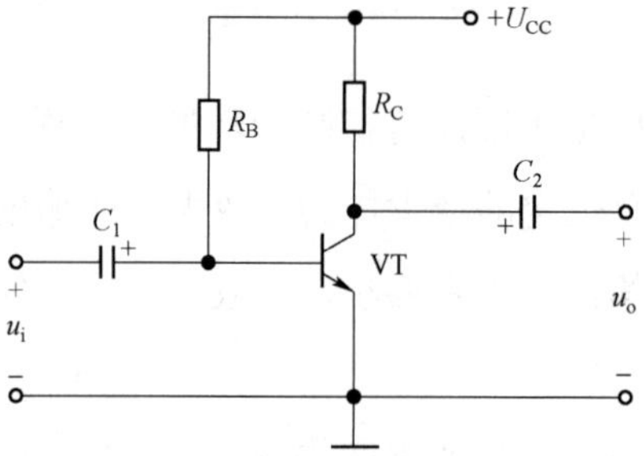

图 7-4　共发射极单管放大器

2. 元件作用。

（1）三极管 VT

它采用的是 NPN 型硅管，是放大器的核心元件，可以把微小的基极电流转换成较大的集电极电流，使 $I_C=\beta I_B$，即具有电流放大作用。

（2）基极偏置电阻 R_B

电源 U_{CC} 经电阻 R_B 给基极提供一个合适的基极电流 I_B，并使发射结正向偏置，使晶体管能工作在特性曲线的线性部分。一般 R_B 的取值为几十千欧至几百千欧。

（3）集电极负载电阻 R_C

其作用是将三极管的电流放大作用变换成电压放大作用。通常几的取值为几百欧至几千欧。

（4）直流电源 U_{CC}

U_{CC} 有两个作用，一是为放大电路提供能源，提供电流 I_B 和 I_C；二是为电路提供工作电压，保证三极管工作在放大状态，即为发射结正向偏置，集电结反向偏置提供条件。一般 U_{CC} 的取值为几伏至几十伏。

（5）耦合电容 C_1G_2

它们起到一个“隔直通交”的作用，能够把信号源与输入端之间，负载与输出端之间的直流隔开，使交流信号顺利通过。耦合电容一般多采用电解电容器，一般为几微法至几十微法。在实际使用时，注意耦合电容极性与加在它两端的工作电压极性应一致，不能接反。

（6）负载电阻 R_L

放大电路的外接负载，因为耦合电容 C_2 具有隔直通交作用，因此只有交流量作用于负载 R_L 上。

3. 放大电路的电压、电流符号的规定。放大电路在没有输入交流信号时，三极管各极电压、电流都为直流。当有交流信号输入时，输入的交流信号叠加在直流信号上，有些地方交直流同时存在，为了清楚的表示不同的分量，通常作如下规定：

（1）直流分量用大写字母和大写下标表示，如 I_B、I_C、I_K、U_{BE}、U_{CE}；

（2）交流分量用小写字母和小写下标表示，如 i_b、i_c、i_e、u_{be}、u_{ce}、u_i、u_a；

（3）交直流叠加用小写字母和大写下标表示，如 i_B、i_C、i_E、u_{BE}、u_{CE}。其中 $i_B = IB+$，ib，$i_C = I_C + i_c$，$i+ = I_E + i_e$，$u_{BE} = U_{BE} + u_{be}$，$u_{CE} = U_{CE} + u_{ce}$；

（4）交流分量的有效值用大写字母和小写下标，如 U_i、U_0。

（二）电路分析

放大电路由两部分组成：一是直流通路，其作用是为三极管处在放大状态提供发射结正偏，集电结反偏的条件，即为静态工作情况；二是交流通路，其作用是把交流信号放大后输出。

（1）直流通路。当 $u_i = 0$ 时，放大电路中只有直流通过，没有交流信号，放大器这时的状态称为静态，可用直流通路进行分析，如图 7-5（a）所示，这时耦合电容 C_1、C_2 都可视为开路，静态时三极管的各极直流电压和自流电流都只有在流成分，分别用 I_{BQ}、I_{CQ}、U_{BEQ}、U_{CEQ} 表示，称为三极管的静态值。三极管的这些静态值分别在输入、输出特性曲线上对应着一点 Q，称为静态工作点。如图 7-5（b）所示。

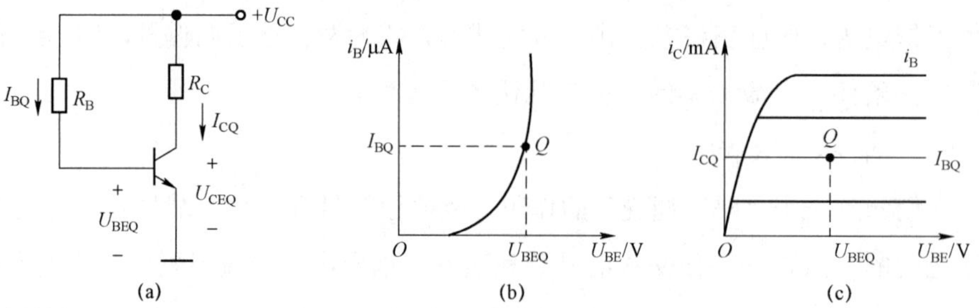

图 7-5　静态工作情况

（2）交流通路。当 $u_i \neq 0$ 时，电路中的电压、电流随输入信号作相应的变化，称为动态。电路中的电压和电流既有交流成分也有直流成分，是由直流成分和交流成分叠加而成的。

如图 7-6 所示的放大电路，可通过调整 R_B 使之有合适的静态工作点，这样交流信号放大后，输出波形才不会产生失真。放大原理说明如下。

输入的交流信号 u_i 通过电容 C_1 交流耦合送到三极管的基极和发射极，电源 U_{CC} 通过偏置电阻 R_B 为放大管提供发射结直流偏压 U_{BEQ}。

交流信号 u_i 与直流偏压 U_{BEQ} 叠加后的波形如图 7-6（b）所示，这时基极总电压为

$$u_{BE}=U_{BEQ}+u_i$$

同时基极上产生的交流电流 i_b 与直流电流 I_{BQ} 取叠加后产生了基极电流 i_B，如图 7-6（c）所示，这时基极总电流为

$$i_B=I_{BQ}+i_b$$

电流 i_b 经放大后获得对应的集电极电流 i_c，如图 7-6（d）所示，这时集电极总电流为

$$i_C=I_{CQ}+i_c$$

电流 i_b 增大时负载电阻 R_C 的压降也相应增大，使集电极对地的电压 u_{CE} 降低；反之，电流 i_C 减小时，负载电阻 R_C 的压降也相应减小，使集电极对地的电压 u_{CE} 升高。因此，集、射极电压 u_{CE} 波形与输出电流 i_C 立变化情况相反，如图 7-6（e）所示，集电极总电压为

$$u_{CE}=U_{CEQ}+u_{CE}$$

u_{CE} 经耦合电容 C_2 隔离直流成分后，输出的只是放大信号的交流成分，波形如图 7-6（f）所示。

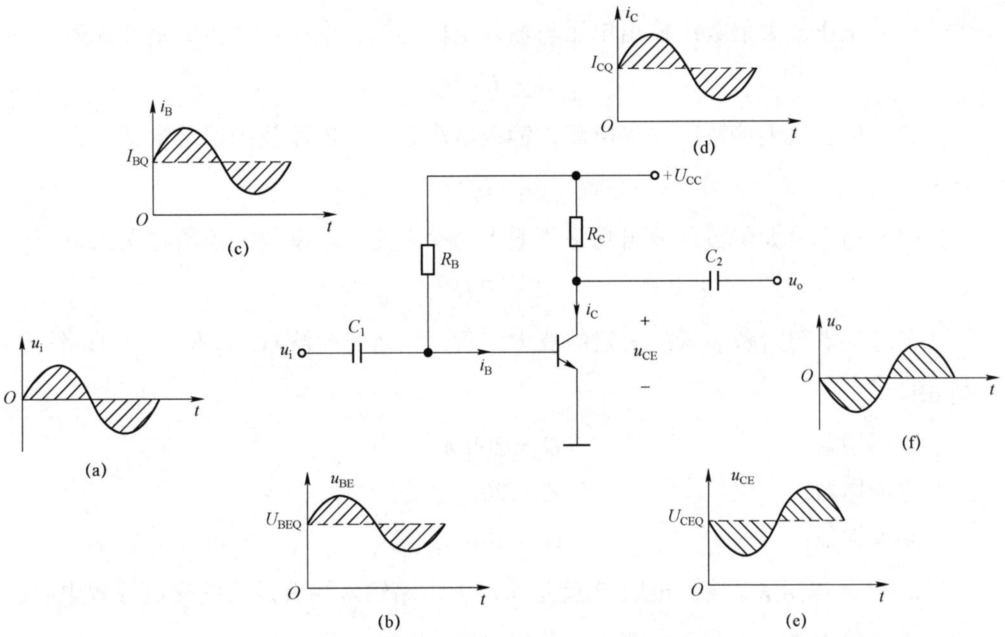

图 7-6　放大电路动态工作情况

综合分析可知，在单管共射极放大电路中，输出电压 u_a 与输入电压 u_i 频率相同，波形相似，幅度得到放大，相位相反，因此该放大电路又称为反相放大器。

（三）放大电路的主要性能指标

放大电路的主要性能指标主要用于衡量放大电路工作性能的好坏，包括放大倍数、输入电阻和输出电阻。

1. 放大倍数。放大倍数是衡量放大电路放大能力的指标，通常用 A_U 表示。放大器的结构图如图 7-7 所示，左边是输入端，外接信号源 u_S，u_i、i_i 分别是输入电压和输入电流；右边是输出端，外接负载 R_L，u_0、i_0 分别是输出电压和输出电流。

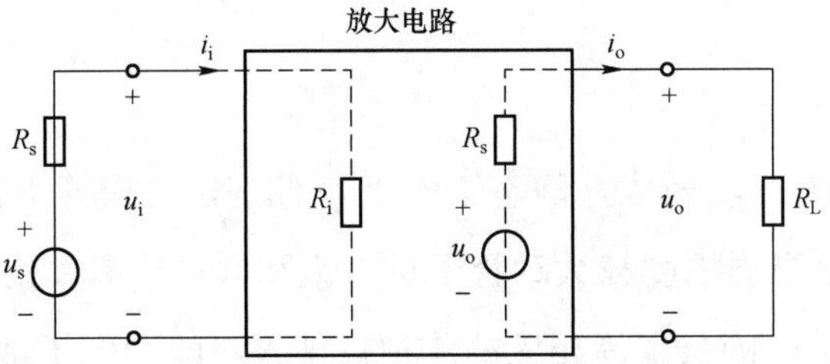

图 7-7　放大器结构图

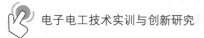

（1）电压放大倍数：输出电压与输入电压之比。电压放大倍数定义式为

$$A_u = U_0/U_i$$

（2）电流放大倍数：输出电流与输入电流之比。电流放大倍数定义式为

$$A_i = I_0/I_i$$

（3）功率放大倍数：输出功率与输入功率之比。功率放大倍数定义式为

$$A_P = P_0/P_i$$

工程上常用对数表示放大器的放大倍数，称之为增益 G，单位是分贝，符号是 dB。

电压增益：$G_u = 20\lg A_u$

电流增益：$G_i = 20\lg A_i$

功率增益：$G_P = 10\lg A_P$

2. 输入电阻 R_i。输入电阻 R_i 就是从放大电路输入端看进去的交流等效电阻，它反映了放大器对信号源所产生的负载效应，R_i 的定义式为

$$R_i = U_i/I_i$$

3. 输出电阻 R_0。R_0 输出电阻是从放大器输出端的放大器看进去的交流等效电阻，注意不应包括外接负载电阻 R_L，R_0 的定义式为

$$R_0 = U_0/I_0$$

输出电阻（越小，放大器的带负载能力越强，即放大电路的输出电压 U_0 受负载的影响越小。

（四）静态工作点对放大波形的影响

放大器的静态工作点 Q 选取不合适，会造成放大电路输出的波形失真。所谓失真，是指输出信号波形与输入信号波形存在差异。由于晶体管特性曲线非线性引起的波形失真称为非线性失真。主要包括截止失真、饱和失真和双向失真。

1. 饱和失真

R_R 取值偏小时，I_{BQ} 较大，静态工作点 Q 偏高，三极管工作在饱和临界点附近，当输入信号正半周幅度较大时管子进入饱和区，i_B 增大无法使 i_C 相应增大，于是 i_C 的正半周，u_0 的负半周相应的波顶被削去，即产生了饱和失真，如图 7-8 所示。

消除饱和失真的方法是，增大偏置电阻 R_B 的值，从而使 Q 点适当下移，来减小或消除饱和失真。

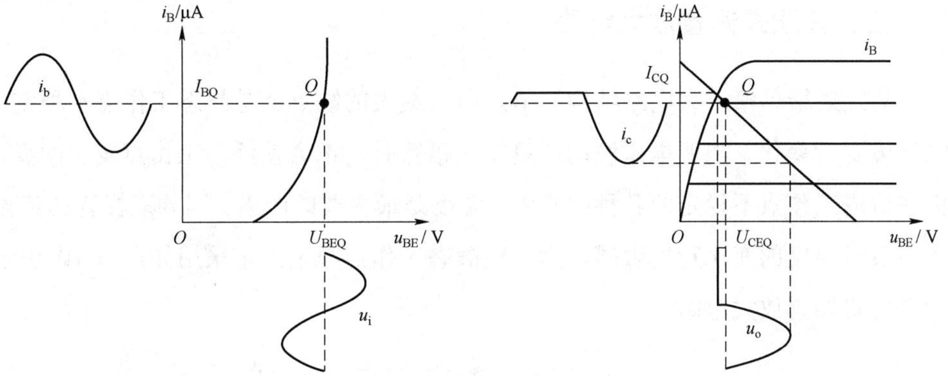

图 7-8　饱和失真

2. 截止失真

R_B 取值偏大时，I_{BQ} 很小，静态工作点 Q 偏低，三极管工作在截止区附近，在输入信号 u_i 的负半周，三极管发射结在一段时间内处于反向偏置，造成 i_C 负半周、u_0 正半周相应的波顶被削去，即产生了截止失真，如图 7-9 所示。

消除截止失真的方法是，减小偏置电阻 R_B 的值，以增大 I_{BQ} 的值，从而使 Q 点适当上移，来消除截止失真。

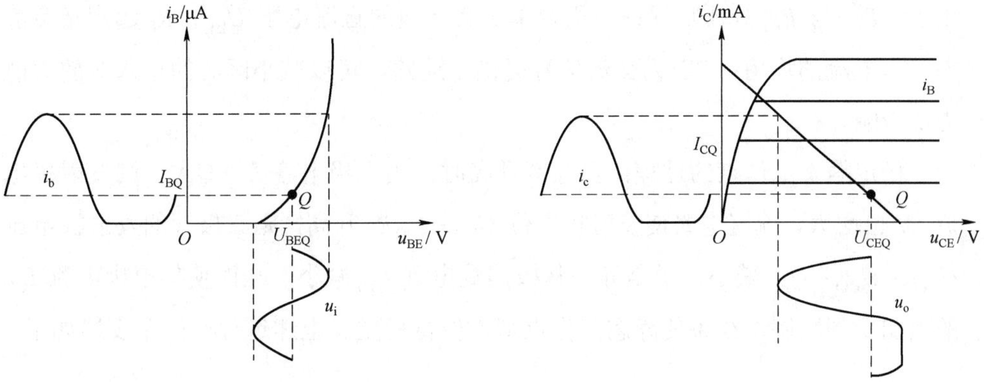

图 7-9　截止失真

3. 双向失真

如果输入信号幅值过大，就可能同时产生截止和饱和失真，称之为双向失真，消除双向失真的方法是，降低输入信号的电压幅值或增大电源电压，再调节 R_B 建立适当的静态工作点 Q，来消除双向失真。

三、分压式偏置放大电路

共发射极单管放大电路结构简单，但它最大的缺点就是静态工作点不稳定，当环境温度变化、电源电压波动或更换三极管时，都会使静态工作点发生改变。而在造成工作点不稳定的各种因素中，温度是最主要的因素。因为三极管的特性和参数对温度的变化特别敏感，为了使静态工作点稳定，常采用如图 7-10 所示的分压式偏置放大电路。

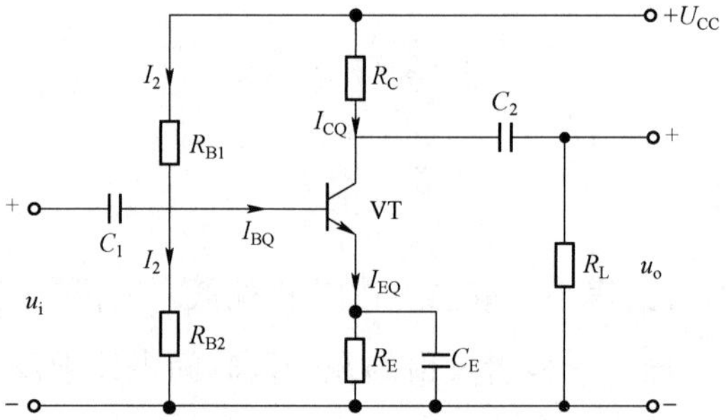

图 7-10 分压式偏置放大电路

R_{B1} 为上偏置电阻，R_{B2} 为下偏置电阻，R_E 为发射极电阻，C_E 为发射极旁路电容，R_{B2} 与 R_{B1} 分压后保证三极管基极有合适的直流电压 U_{BQ}；R_E 起到稳定静态工作电流的作用；CE 为交流信号提供了通路，可以减小因心的接入对放大能力的影响。

稳定静态工作点的过程：当温度升高时，集电极电流 I_{CQ} 增大，则发射极电流 I_{EQ} 也增大，偏置电路使发射极电位 $U_{EQ}+I_{EQ}R_E$ 升高，则三极管的发射极电压 $U_{BEQ}=U_{BQ}-U_{EQ}$ 减小，于是静态基极偏置电流 I_{BQ} 减小，从而使集电极电流 I_{CQ} 的增加受到限制，结果使静态工作点基本保持稳定。上述过程可简单表述如下：

$$温度升高（t\uparrow）\rightarrow I_{CQ}\uparrow\rightarrow I_{EQ}\uparrow\rightarrow U_{BEQ}=（U_{EQ}-I_{EQ}R_E）\downarrow\rightarrow I_{BQ}\downarrow\rightarrow I_{CQ}\downarrow$$

可见，分压式偏置放大电路是通过发射极电流的负反馈作用牵制集电极电流的变化，从而使 Q 点保持稳定。可以看出，R_E 阻值越大，稳定性就越好，但 R_E

太大又会使 I_{EQ} 和 I_{BQ} 很小，使得静态工作点靠近截止区而产生截止失真。所以 R_E 的取值一般为几百至几千欧。

对此电路进行静态分析可得如下公式：

$$U_{BQ}=R_{B2}/(R_{B1}+R_{B2})U_{CC}$$

$$U_{EQ}=U_{BQ}-U_{BEQ}$$

$$I_{CQ}\approx I_{EQ}=U_{EQ}/R_E$$

$$I_{BQ}=I_{CQ}/\beta$$

$$U_{CEQ}=U_{CC}-I_{CQ}R_C-I_{EQ}R_E\approx U_{CC}-I_{CQ}(R_C+R_E)$$

第二节　多级放大电路

实际应用的放大电路一般要求放大倍数要高、输入电阻要大、输出电阻要小，而由单管构成的单级放大电路已不能满足这些要求。为获得更高的放大倍数，常把几个单级放大电路适当地连接起来构成，组成一个多级放大电路。

一、多级放大电路的组成

多级放大电路的第一级与信号源相连称为输入级，最后一级与负载相连称为输出级，其余称为中间级。输入级和中间级主要进行电压放大，可以将微弱的输入电压放大到足够的幅度；输出级用作功率放大，向负载输出足够大的功率。多级放大电路的组成框图如图 7-11 所示。

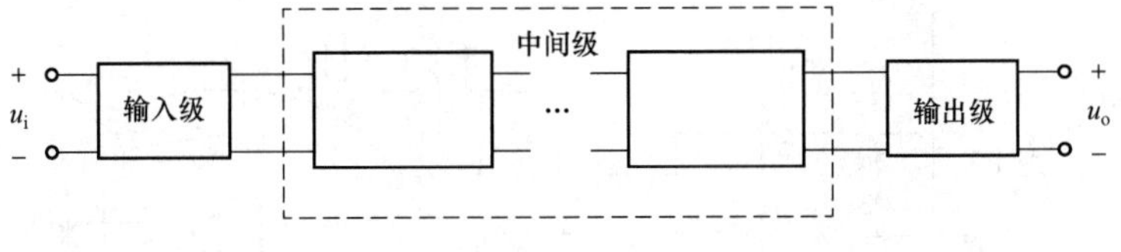

图 7-11　多级放大电路组成框图

在多级放大电路中，级与级之间的连接方式称为耦合。通常采用的耦合有阻容耦合、变压器耦合、直接耦合和光电耦合四种。

（一）阻容耦合

阻容耦阻合应用电路如图 7-12 所示。用容量足够大的电容将两个单级放大电路连接起来。由于电容具有隔在通交的作用，因而前后级的静态工作点彼此独立，互不影响，并能将交流信号顺利传递。

阻容耦合的缺点是低频特性差，不能放大直流信号和低频信号，一般应用在交流放大电路中。

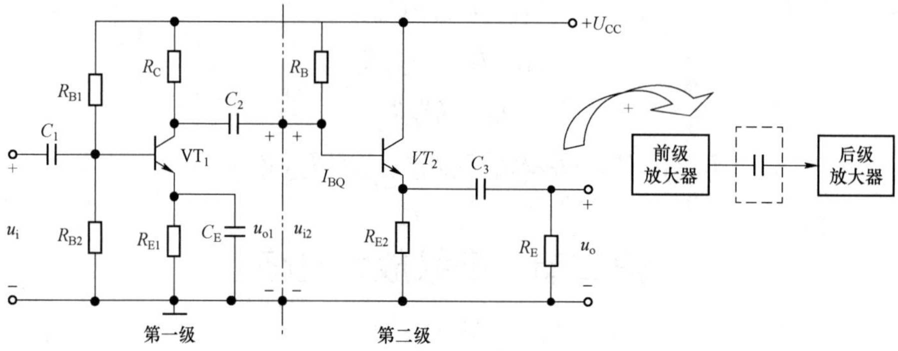

图 7-12　阻容耦合应用电路

（二）变压器耦合

变压器耦合应用电路如图 7-13 所示。用变压器将两个单级放大电路连接起来。由于变压器隔断了直流，所以前后级放大电路的静态工作点也是彼此独立，互不影响的。而且，耦合变压器同时有阻抗变换作用，利于提高放大器的输出功率。

变压器耦合的缺点是不能放大变化缓慢的信号，一般应用于分立元器件组成的功率放大电路中。

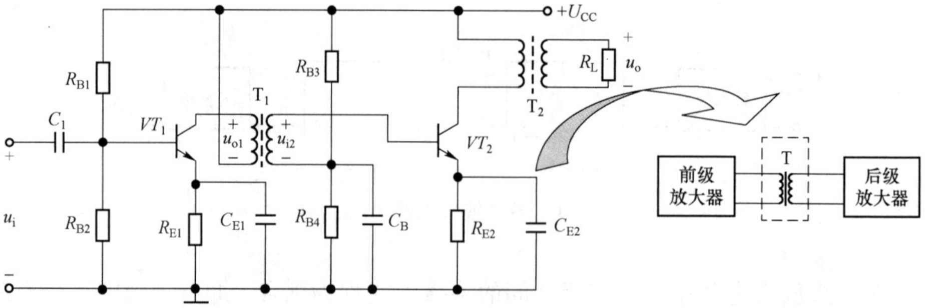

图 7-13　变压器耦合应用电路

（三）直接耦合

直接耦合应用电路如图 7-14 所示。前后级放大电路无耦合元器件，直接用导线相连。这种连接方式使各级之间的直流通路相连，因而前后级静态工作点不能彼此独立，而是相互影响，给放大电路的设计和调试带来了很大的不便。

直接耦合的优点是既能放大交流信号，也可以放大直流信号和变换缓慢的信号；电路简单，便于集成，因而在接耦合被广泛应用于集成电路中。

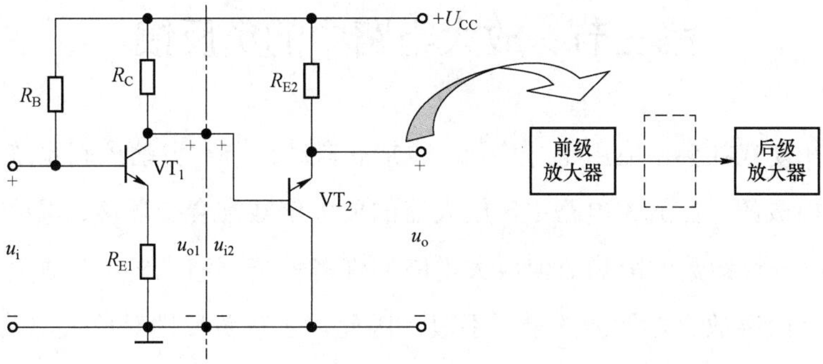

图 7-14　直接耦合应用电路

（四）光电耦合

前后级放大电路以光电耦合器为媒介，来实现电信号的耦合和传输的方式称为光电耦合。光电耦合应用电路中前后级放大电路的静态工作点相互独立，互不影响。

光电耦合既可传输交流信号又可传输直流信号，而且抗干扰能力强，易于集成化，被广泛应用于集成电路中。

二、多级放大器的性能指标

（一）电压放大倍数

在多级放大电路中，根据电压放大倍数的定义式，很容易得出多级放大电路的电压放大倍数。对于一个 n 级放大电路，有

$$A_u = A_{u1} A_{u2} \cdots A_{un}$$

即多级放大电路的电压放大倍数等于各级电压放大倍数的乘积。

（二）输入电阻 R_i

多级放大电路的输入电阻 R_1 就是输入级的输入电阻 R_{i1}，

即
$$R_i = R_{i1}$$

（三）输出电阻 R_0

多级放大电路的输出电阻 R_0 就是输出级的输出电阻 R_{0n}，

即

$$R_0 = R_{0n}$$

第三节　放大电路中的负反馈

反馈在现代社会中应用十分广泛，通常的自动调节和自动控制系统都是基于反馈原理构成的。在放大电路中，放大器的放大倍数常会受环境、温度、管子参数、电源电压等参数的影响而使放大电路的许多性能不够完善。在放大电路中引入负反馈是改善放大器性能的重要手段。因此，了解负反馈对放大电路的影响，具有十分重要的意义。

一、反馈的基本概念

在放大电路中，输入信号由输入端输入，经放大器放大后从输出端输出，这是信号的正向传输。放大电路框图如图 7-15 所示。

图 7-15　放大电路方框图

如果通过一定的电路将输出信号（电压或电流）的一部分或全部反方向送到放大电路的输入回路，与原输入信号（电压或电流）共同控制电路的输出，这一过程称为反馈。带有反馈的放大电路称为反馈放大电路。

反馈放大电路组成框图如图 7-16 所示，A 代表没有反馈的基本放大电路，F 代表反馈电路，"⊗"代表比较环节，表示信号在此叠加，箭头表示信号的传输方向。图中 X 代表信号，它既可以表示电压也可以表示电流，X_i、X_0、X_f 分别表

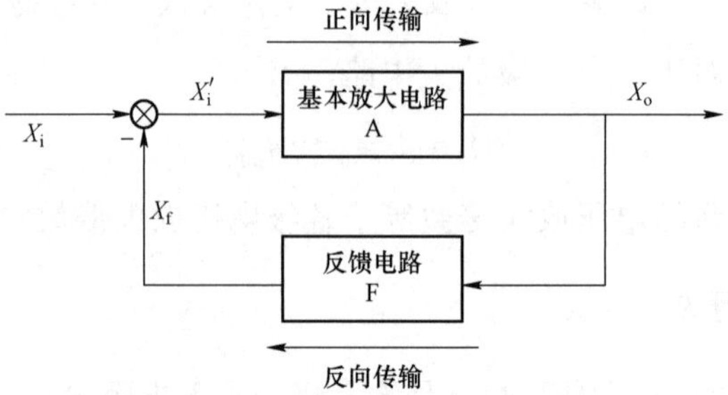

图 7-16　反馈放大电路的方框图

示输入信号、输出信号和反馈信号，X_i和X_f在输入端叠加后得到的净输入信号X'_i，加到放大器的输入端。引入反馈后，电路就形成了闭合的环路。因此，反馈放大器通常又称为闭环放大器，而未引入反馈的放大器称为开环放大器。

构成反馈电路的元件叫反馈元件，反馈元件联系着放大器的输出与输入，并影响放大器的输入。因此，反馈元件的有无是判断反馈有无的依据。

二、反馈的类型

（一）正反馈和负反馈

根据反馈的极性来分类，可以将反馈分为正反馈和负反馈。如果在引入反馈信号后，放大电路的净输入信号增加，使放大倍数升高，那么这种反馈为正反馈；反之，若反馈信号使放大电路的净输入信号减小，使放大倍数降低，则为负反馈。

放大电路中主要采用负反馈来稳定放大电路的静态工作点，改善放大电路的动态性能，而正反馈则多用于振荡电路中。

（二）电压反馈和电流反馈

根据反馈信号从输出端的取样方式来分类，可以将反馈分为电流反馈和电压反馈。如果反馈信号取 Fl 输出电压，并与输出电压成正比，那么这种反馈为电压反馈，如图 7-17（a）所示；如果反馈信号取自输出电流并与之成正比，就是电流反馈，如图 7-17（b）所示。

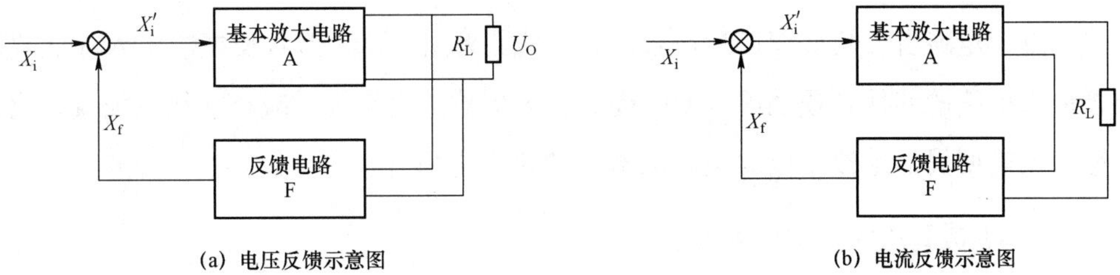

(a) 电压反馈示意图　　(b) 电流反馈示意图

图 7-17　反馈示意图 1

（三）串联反馈和并联反馈

根据反馈信号与输入信号在放大电路输入回路的连接方式来分类，可以将反馈分为串联反馈和并联反馈。如果反馈信号与外加输入信号以电压的形式相叠加后，也就是反馈信号与输入信号在输入端串联而成，则这种反馈为串联反馈，如图 7-18（a）所示；如果反馈信号与外加输入信号以电流的形式相叠加，或者说两种信号在输入端并联而成，就是并联反馈，如图 7-18（b）所示。

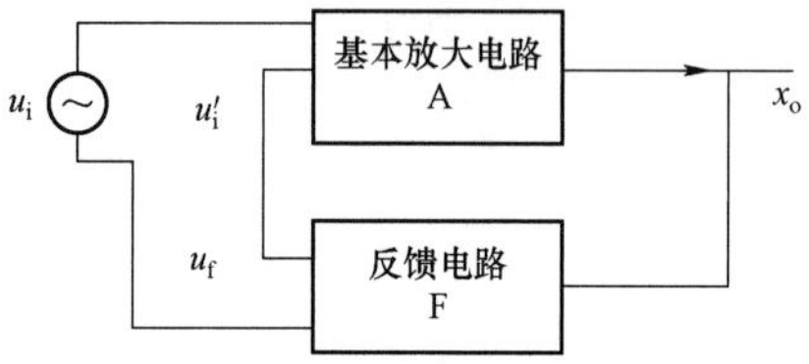

(a) 中联反馈示意图

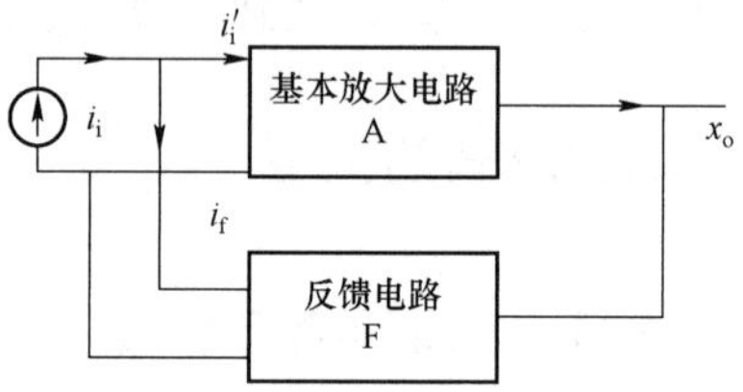

(b) 并联反馈示意图

图 7-18　反馈示意图 2

（四）直流反馈和交流反馈

根据反馈信号中包含的交直流成分来分类，可以将反馈分为直流和交流反馈。如果反馈回来的信号是直流量，实现的是直流反馈；如果反馈回来的信号是交流量，则实现的是交流反馈。如果反馈信号既有交流分量又有直流分量，则实现的是交直流反馈。

直流负反馈一般用于稳定放大电路的静态工作点，交流负反馈用于改善放大电路的性能。

三、负反馈对放大电路性能的影响

放大电路引入负反馈以后，会使放大倍数有所下降，但负反馈的引入却能改善放大电路的其他各项性能，如能提高放大倍数的稳定性、减小非线性失真，能够根据需要灵活地改变放大电路的输入和输出电阻等。

（一）提高放大倍数的稳定性

当外界条件发生变化时（如温度变化、负载变化、元器件老化与更换等），会引起放大倍数变化，甚至引起输出信号的失真。引入负反馈以后，由于它的自动调节作用，使输出信号的变化受到抑制，放大倍数趋于不变，因此放大倍数的稳定性得到了提高。[注：引入负反馈后，放大倍数下降为原来的 1/（$1+AF$）；

但放大倍数稳定性提高了（1+AF）倍。]

（二）减小非线性失真

由于三极管的非线性，当输入信号的幅度较大时，放大器件可能工作在特性曲线的非线性区，使输出波形产生非线性失真。

如图 7-19（a）所示为无反馈时的信号波形，输入信号经过开环放大电路 A 后，变成了正半周幅度大、负半周幅度小的输出波形，即上大下小的失真波形。

如图 7-19（b）所示，引入负反馈后，由于负反馈信号与输出信号相同，二信号在输入回路相减后，使净输入信号正半周变小，负半周变大，再经过放大，输出波形便接近正弦波。可以证明，引入负反馈后，放大电路的非线性失真减小了。

(a) 加反馈前

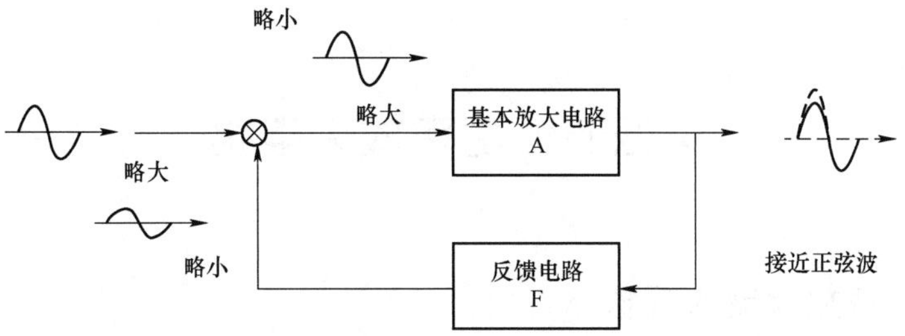

(b) 加反馈后

图 7-19 非线性失真的改善

需要指出的是，负反馈只能减小本级放大器自身产生的失真，对输入信号本身所固有的失真却是无能为力的。

（三）改变输入电阻和输出电阻

1. 对输入电阻的影响

负反馈对放大器输入电阻的影响，与反馈电路在输入端的连接方式有关，即与串联反馈或并联反馈有关。

当是串联反馈时，由于反馈网络和输入回路串联，总输入电阻为基本放大电路本身的输入电阻和反馈网络的等效电阻两部分串联而成，因此可以使放大电路的输入电阻增大。当是并联反馈时，由于反馈网络和输入回路并联，总输入电阻为基本放大电路本身的输入电阻和反馈网络的等效电阻两部分并联而成，因此可以使放大电路的输入电阻减小。

2. 对输出电阻的影响

负反馈对放大器输出电阻的影响，与反馈电路输出端的连接方式有关，即与电压反馈还是电流反馈有关。

当是电压反馈时，由于反馈信号可以稳定输出电压，使放大电路接近理想电压源，输出电压稳定，即放大电路带负载能力强，相当于输出电阻减小；当是电流反馈时，由于反馈信号可以稳定输出电流，使放大电路接近理想电流源，因此放大电路的输出电阻增大。

在电路设计中，可以根据对输入电阻和输出电阻的具体要求引入适当的负反馈。

第四节　功率放大电路

一、功率放大器的概念

功率放大器简称功放，通常位于多级放大电路的最后一级，对电压信号再进行功率放大，用足够大的输出功率去驱动扬声器振动、电动机转动、继电器动作、仪表指针偏转等。

功放在电子设备中有着极为广泛的应用。从能量控制的观点来看，功率放大器与电压放大器没有本质的区别，只是完成的任务不同，电压放大器主要是在不失真的条件下放大微弱电压信号，是小信号放大器，它消耗能量少，信号失真小，输出信号的功率小。而功率放大器是为负载提供足够大的不失真的输出功率，是大信号放大器。它消耗的能量多，信号易失真，输出信号的功率大。为获得一定的不失真或失真较小的输出功率，一般要求功率放大器应满足以下三点要求：

（1）输出功率大，信号失真小；

（2）电路输出效率高；

（3）散热性好，保证电路既有较大的输出功率、较高的输出效率，还要不损坏晶体管。

二、功率放大器的分类及特点

功率放大器的分类主要是由功放级输出电路的形式来决定的。常见功率放大器按半导体三极管所设静态工作点位置不同，可分为甲类功放电路、乙类功放电路和甲乙类功放电路三种，如图 7-20 所示。

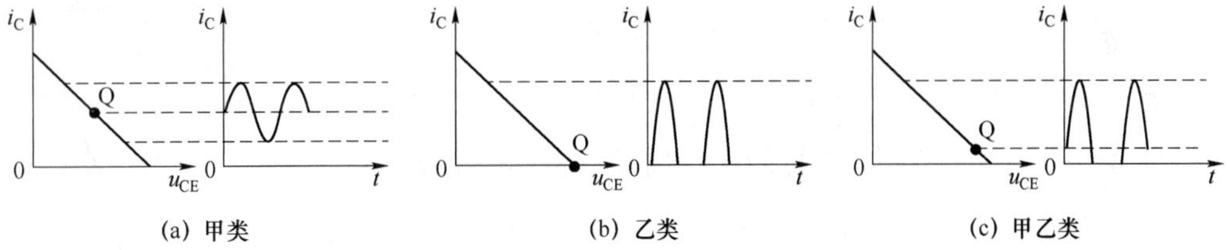

图 7-20　Q 点设置与三种工作状态电流波形

（一）甲类功放电路

给放大管加入合适的静态偏置电流，用一只三极管同时放大信号的正、负半周，Q 点设在放大区的中间，整个周期内三极管集电极都有电流通过，这种电路称为甲类功放电路。

甲类功放电路的主要特点叙述如下。

1. 在音响系统中，由于信号的正、负半周用一只始终处于放大工作状态的三极管来放大，信号的非线性失真很小，故甲类功放的音质最好。这是甲类功放的最主要优点。甲类工作状态下的 Q 点和电流波形如图 7-20（a）所示。

2. 这种功放虽然失真小，但其静态电流大、损耗大、效率低，约为 50% 左右。

（二）乙类功放电路

为了提高效率，必须减小静态电流，而将 Q 点下移。若 Q 点设置在静态电流处，即 Q 点在截止区，管子就只在信号的半个周期内导通，这种电路称为乙类功放电路。

乙类功放电路的主要特点叙述如下。

1. 乙类工作状态下，输入信号为零时，电源输出功率也为零；输入信号增加时，电源供给的功率也随之增加，故乙类功放损耗小，效率高。乙类工作状态下的 Q 点和电流波形如图 7-20（b）所示。

2. 乙类功放是用两只性能对称的三极管来分别放大信号的正、负半周，然后在负载上将正、负半周的信号合成一个完整的周期信号。但这类功放由于没有给功放输出管加入静态电流，所以会产生交越失真，这是一种非线性失真，对音质破坏很严重。因此，乙类功放是不能用于音频功率放大器电路中的。

（三）甲乙类功放电路

为了克服交越失真，给三极管加入很小的静态偏置电流，使输入信号避开截止区，即 Q 点位于放大区且接近截止区，使三极管在信号的半个周期以上的时间导通，这种电路称为甲乙类功放电路。甲乙类工作状态下的 Q 点和电流波形如图 7-20（c）所示。

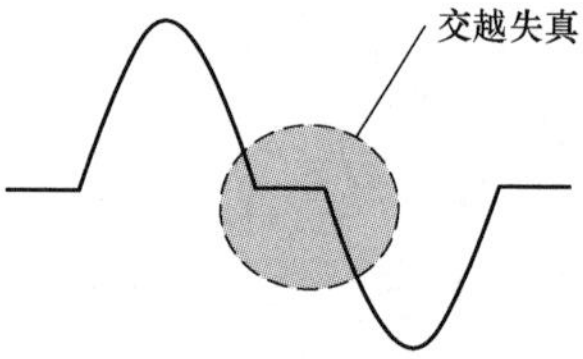

图 7-21　交越失真波形

甲乙类功放电路的主要特点叙述如下。

1. 甲乙类功放也是用两只三极管来分别放大输入信号的正、负半周，且都给三极管加上了很小的静态偏置电流，在输入信号为零时，直流电源的损耗也很小，基本为零，具有乙类功放损耗小、效率高的优点。同时由于偏置电流克服了三极管的截止区，对信号就不存在失真，故它又具有甲类功放无非线性失真的优点。所以它被广泛应用于音频功率放大电路中。

2. 三极管的静态偏置电流设置太小，或者为零时，它就成了乙类功放，将产生交越失真。

在功放电路中，功放管既要流过大电流又要承受高电压，为了使功放安全运行，常需加保护措施，以防止功放管过电压、过电流和过功耗。

三、集成功率放大器

常见的功率放大器按输出特点可分为输出变压器功放、无输出变压器功放（OTL 电路）、无输出电容器功放（OCL 电路）和桥接无输出变压器功放（BTL 电路）几种类型。OTL、OCL 和 BTL 均为不同性能指标的集成电路，只需外接少量元件，就可成为实用电路。在集成功放内部均有保护电路，以防止功放管过流、过压、过损耗和二次击穿。

（一）OTL 电路

OTL 电路称为无输出变压器互补对称功放电路，它是一种输出级与扬声器之间采用电容耦合而无输出变压器的功放电路。OTL 电路的主要特点是采用单电源供电，输出端直流电位为电源电压的一半；输出端与负载之间采用大容量电容耦合，扬声器一端接地；具有恒压输出特性，允许扬声器阻抗在 4 Ω、8 Ω和 16 Ω中选择。

（二）OCL 电路

OCL 电路称为无输出电容互补对称功放电路，它的主要特点有采用双电源供电，输出端直流电位为零；没有输出电容，低频特性很好；扬声器一端接地，一端直接与放大器输出端连接；具有恒压输出特性，允许扬声器阻抗在 4 Ω、8 Ω和 16 Ω中选择。

（三）BTL 电路

BTL 电路称为桥接式负载功放电路，负载的两端分别接在两个放大器的输出端。加 I 在负载两端的信号在相位上相差 180°，负载上将得到原来单端输出的 2 倍电压，电路的输出功率将增加 4 倍。因此，BTL 电路常用于低电压系统或电池供电系统。如汽车音响中，当每声道功率超过 10 W 时，大多采用 BTL 形式。BTL 电路的每一个放大器放大的信号都是完整的信号，只是两个放大器的输出信号反相而已。

第五节　集成运算放大器

集成运算放大器简称集成运放，它是用集成电路工艺制成的具有很高电压放大倍数的直接朝合多级放大电路。它早期应用于模拟电子计算机中作为基本运算单元，完成加、减、乘、除等数学运算，所以被称之为运算放大器。目前，运算放大器的应用已远远超过模拟电子计算机的界限，在检测、自动控制、信号产生与处理等许多方面获得了相当广泛的应用。

一、集成运放的结构和符号

（一）集成运放的组成

集成运放的种类很多，电路也各不相同，但基本结构一般都是由四个部分组成的，如图 7-22 所示。

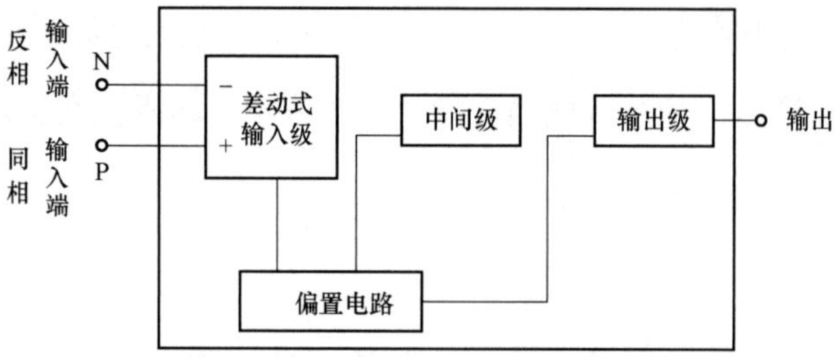

图 7-22 集成运放基本组成方框图

输入级：它是提高运算放大器质量的关键部分，要求其输入电阻能减少零点漂移并抑制干扰信号，输入级大都采用差动放大。

中间级：它的作用是使集成运放具有较强的放大能力，通常由一级到两级共射有放大电路组成，其放大倍数可达几千倍以上。

输出级：它能输出足够大的电压和电流，要求其输出电阻低，带负载能力强，一般由互补对称电路或射级输出器构成。

偏置电路：它的作用是为上述各电路提供偏置电流，在集成电路中，广泛采用各种恒流源构成。

（二）集成运放的符号

集成运放的符号如图 7-23 所示，运算放大器有两个输入端，一个输出端。标有“+”的输入端称为同相输入端。标有“–”的输入端称为反相输入端。它们对地的电压分别用和表示。所谓的同相、反相表明该端的输入信号与输出信号的相位关系。图中“(”表示信号从输入端向输出端流动，后面所跟的标识为放大倍数，符号中的放大倍数“∞”代表运放开环增益，理想情况下可看成无穷大。

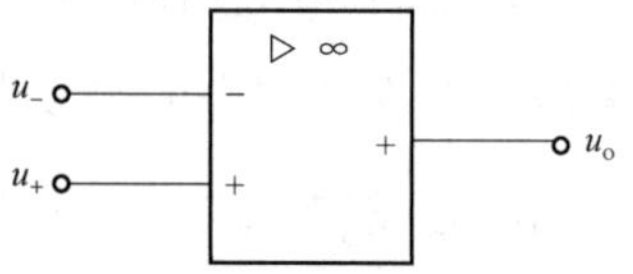

图 7-23 集成运算放大器的符号

二、集成运放的工作特点

（一）集成运放的理想特性

在分析集成运放的应用电路时，为了便于分析和计算，一般将集成运放视为理想运算放大器。理想集成运放应当满足如下条件。

（1）开环差模电压放大倍数人“$A_{ud}\to\infty$。

（2）差模输入电 $r_0\to\infty$。

（3）输出电阻 $r_0\to 0$。

（4）输入偏置电流 $I_{B1}I_{B2}=0$。

（5）共模抑制比 $K_{CMR}\to\infty$。

（二）理想集成运放工作在线性区的特点

1. “虚断”。因理想集成运放的输入偏置电流为零，输入电阻为无穷大，该电路不会向外部电路索取任何电流，所以流入放大器反相输入端和同相输入端的电流为零。就是说，集成运放电路是与电路相连接的，但输入电流又近似为零，即 $i_+\approx i_-\approx$，相当于断开一样，故通常称之为“虚断”（$i_+\approx i_-$）。

2. “虚短”。因为开环差模电压放大倍数为无穷大，所以当输出电压为有限值时，差模输入电压 $U_+-U_-=U_0/A_{B0}\approx 0$，即 $U_+\approx U_-$。也就是说，集成运算放大器两个输入端对地的电压总是相等的，相当于短路，通常称之为“虚短”（$U_+\approx U_-$）。

尽管理想运放并不存在，但集成运放工作在线性区时，其参数很接近理想条件，因此工作在线性区的实际集成运算放大器，也基本上具备这两个条件。这种分析计算带来的误差一般不大。

（三）理想集成运放工作在非线性区的特点

工作在非线性区的特点是输出电压只有两种状态，不是正饱和电压（$+U_{0m}$）就是负饱和电压（$-U_{0m}$）。

1. 当同相端电压大于反相端电压，即 $U_+>U_-$时，$U_0=+U_{0m}$。

2. 当反相端电压大于同相端电压，即 $U_+<U_-$时，$U_0=-U_{0m}$。

由此可知，集成运放工作在非线性区时，“虚短”不再成立，但由于理想集成运放差模输入电阻趋近于无穷大，所以输入电流近似为零，仍满足“虚断”。

综上所述，在分析具体的集成运放应用电路时，首先要判断集成运放工作在线性区还是非线性区，再运用各自的特点分析电路的工作原理。

三、集成运放的分类和封装形式

（一）集成运放的分类

按照集成运放的参数来划分，集成运放主要分为以下几类。

1. 通用型运算放大器。通用型运算放大器是以通用为目的而设计的。这类集成运放的主要特点是价格低廉、产品量大，其性能指标能适合于一般性使用。例如 uA741（单运放）、LM358（双运放）、LM324（四运放）及以场效应管为输入级的 LF356 都属于此种。它们是目前应用最为广泛的集成运算放大器。

图 7-24　通用刚运算放大器

2. 高阻型运算放大器。这类集成运算放大器的特点是差模输入阻抗非常高，输入偏置电流非常小，一般为几皮安到几十皮安。实现这些指标的主要措施是利用场效应管高输入阻抗的特点，用场效应管组成运算放大器的差分输入级。常见的集成器件有 LF356、LF355、LF347（四运放）及更高输入阻抗的 CA3130、CA3140 等。

3. 低温漂型运算放大器。在精密仪器、弱信号检测等自动控制仪表中，总是希望运算放大器的失调电压要小且不随温度的变化而变化。目前常用的高精度、低温漂运算放大器有 OP-O7、OP-27、AD508 及由 MOSFET 组成的斩波稳零型低漂移器 ICL7650 等。

4. 高速型运算放大器。在快速 A/D 和 D/A 转换器、视频放大器中，要求集成运算放大器的转换速率一定要高，单位增益带宽 BWG 一定要足够大。高速型运算放大器的主要特点是具有高的转换速率和宽的频率响应。常见的运放有

LM318、uA715 等。

5. 低功耗型运算放大器。随着便携式仪器的广泛应用，必须使用低电源电压供电、低功率消耗的运算放大器与之相适应。常用的低功耗型运算放大器有 TL-O22C、TL-O60C 等，其工作电压为±2 V～±18 V，消耗电流为 50～250 mA。目前有的产品功耗已达微瓦级，例如 ICL7 600 的供电电源为 1.5 V，功耗为 10 mW，可采用单节电池供电。

6. 高压大功率型运算放大器。运算放大器的输出电压主要受供电电源的限制。在普通的运算放大器中，输出电压的最大值一般仅几十伏，输出电流仅几十毫安。若要提高输出电压或增大输出电流，集成运放外部必须要加辅助电路。高压大电流集成运算放大器外部不需附加任何电路，即可输出高电压和大电流。例如 D41 集成运放的电源电压可达±150 V，uA791 集成运放的输出电流可达 1 A。

此外，除以上几种集成运放外，建有跨导型、可编程型等不同类型的集成运放。

（二）集成运放的封装形式

不同种类的集成电路的封装不同，按封装形式可分为扁平式、双列直插式、单列直插式、金属圆壳封装等。常见的集成运放外形图如图 7-25 所示。

1. 扁平式封装 SSOP。扁平式封装的芯片引脚之间距离很小，管脚很细，呈扁平式。一般大规模或超大型集成电路都采用这种封装形式，其引脚数一般在 100 个以上。用这种形式封装的芯片必须采用 SMD（表面安装设备技术）将芯片与主板焊接起来。采用 SMD 安装的芯片不用在主板上打孔，在主板的表面上一般有设计好的相应管脚焊点，将芯片对准相应的焊点，就可以实现与主板的焊接。

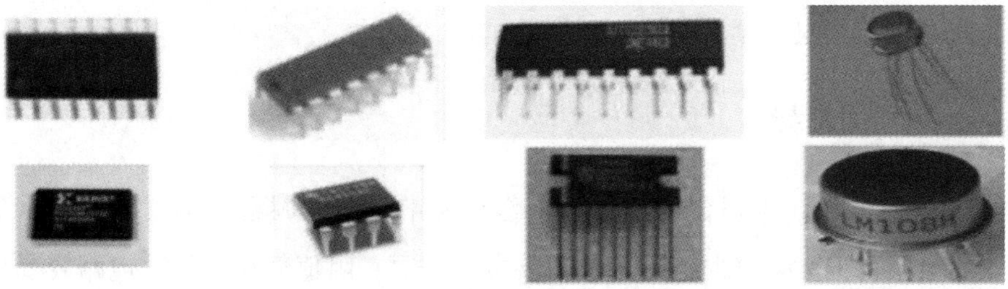

图 7-25　常见集成运放外形图

2. 双列直插式封装 DIP。双列白：插式封装是插装型封装之一。引脚从封装两侧引出，封装材料有塑料和陶瓷两种。它是应用最广泛、最多的封装形式。绝大多数中小规模集成电路均采用这种封装形式，其引脚数一般不超过 100 个。采用 DIP 封装的 CPU 芯片有两排引脚，需要插入到具有 DIP 结构的芯片插座上。当然，也可以直接插在有相同焊孔数和几何排列的电路板上进行焊接。

3. 单列直插式封装 SIP。单列直插式封装的引脚从封装一个侧面引出，排列成一条直线。它们是通孔式的，管脚插入印刷电路板的金属孔内。

引脚中心距通常为 2.54 mm，引脚数为 2～23。因为这种封装的管脚很长，所以很适合焊接，且比较坚固，不易损坏。

4. 金属圆壳封装。金属圆壳封装引脚数为 8、12。这种封装形式可靠性高，散热和屏蔽性能好、价格高，因此主要用于高档产品中。

技能性实训

单管共射极放大电路的安装与调试

一、实训目的

1. 制作安装单管共射极放大电路。
2. 应用电子仪器对放大电路进行测量与调整。

二、实训器材

示波器、信号发生器、直流稳压电源、万用表、电烙铁等焊接工具和材料、单管共射极放大电路套件。

三、实训指导

1. 分压式放大电路合适的静态工作点通常是通过调整上偏置电阻得到的。上偏置电阻值偏大，放大电路容易出现截止失真；阻值偏小，放大电路容易出现饱和失真。

2. 放大倍数测量方法。在放大器的输入端输入低频信号，测量输入电压 U_i 和输出电压 U_0 的数值，应用公式就可计算出放大器的电压放大倍数 $A_U = U_0/U_i$。

四、实训内容

按照原理图安装并调试单管共射极放大电路。

五、实训步骤

1. 识读电路原理图（见图 7-26）和印制电路板图（见图 7-27）。

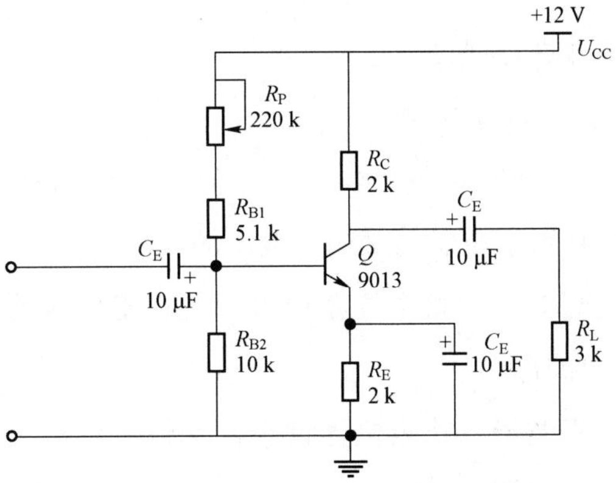

图 7-26　单管共射极放大电路原理图

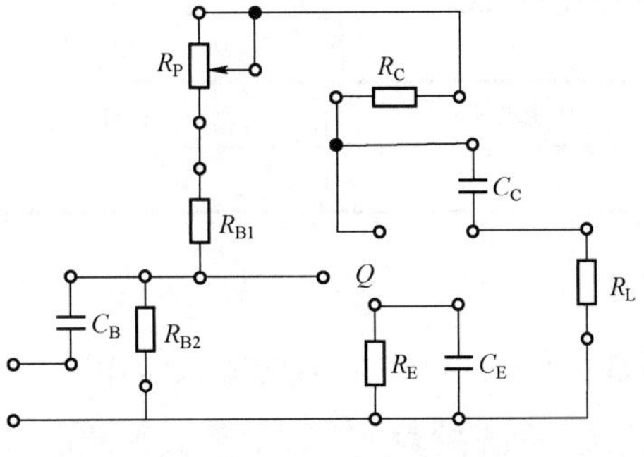

图 7-27　安装电路图（元件面）

2. 安装电路

（1）根据元件清单表，即下表核对元器件的规格和数量。

表 7-1　元件清单

名称	规格	数量	备注
三极管	9013	1	
R_{B1}	5.1 kΩ	1	
R_{B2}	10 kΩ	1	
R_C、R	2 kΩ	2	
C	10 μF	2	
C_E	50 μF	1	电解电容
R_P	220 kΩ	1	电位器
R_L	3 kΩ	1	

（2）检测元器件。

（3）插装元器件并进行焊接。

3. 观察（对静态工作点的影响）

（1）接入输入信号。使信号发生器产生一个 30 mV/1 kHz 的低频信号并加在放大电路的接入端，利用示波器观察输出电压的波形。

（2）观察截止失真波形。将电位器调大，使输出电压波形顶部出现切割约 1/3 的截止失真，画出波形图。

（3）观察饱和失真波形。将电位器调小，使输出电压波形底部出现切割约 1/3 的饱和失真，画出波形图。

（4）观察正常波形。将电位器调到合适位置，使输出电压为一个完整的没有任何失真的波形，并画出波形图。

	截止失其波影	饱和失算波形	正常波形
输出电压波形			

4. 放大倍数的测试

（1）断开 R_L 测量放大倍数。在放大器的输入蜡输入 30 mV/1 kHz 低频信号，测量输入电压 U_i 和输出电压 U_0 的数值，计算放大器的电压放大倍数 $A_U = U_0/U_i$。

	输入电压 U_i	输出电压 U_0	放大倍数 A_U
断开片 R_L			
接入 R_L			

（2）接入测量放大倍数。在放大器的输入端输入 30 mV/1 kHz 低频信号，测量输入电压和输出电压的数值，计算放大器的电压放大倍数 $A_U = U_0/U_i$。

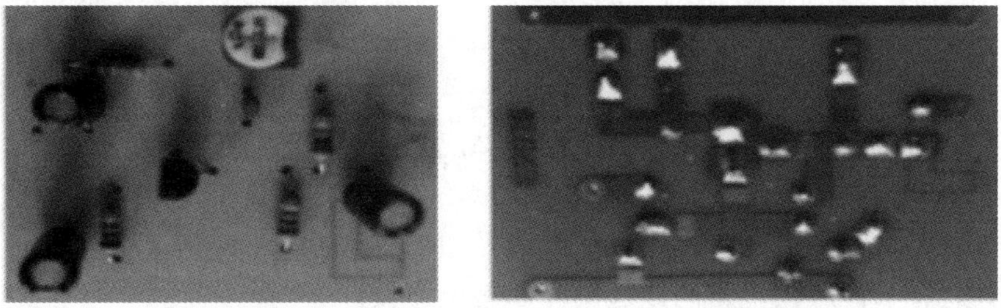

（a）安装电路正面　　　　（b）安装电路背面

图 7-28　安装电路图

六、成绩评分标准

表 7-2　成绩评分标准

班级		姓名	学号	得分
考核时间		实际时间	自　时　分起至　时　分止	
评价项目	评价内容	配分	评分标准	得分
元器件识别与检测	按电路要求对元器件进行识别与检测	20	元器件识别错一个扣 1 分元器件检测错一个扣 1 分	
元器件成形与插装	1. 安工艺要求成形 2. 插装符合工艺要求 3. 排列整齐，标志方向一致	20	不符合工艺要求每处扣 1 分 位置、极性错误每处扣 1 分 排列不整齐，标志方向乱每处扣 1 分	
焊接	1. 焊点光滑均匀 2. 无虚焊、漏焊、桥焊 3. 出现与焊盘无断裂、制起、脱落现象 4. 工具、图纸、元器件放置有规律，符合要求	30	不符合工艺要求 I 每处扣 1 分不符合工艺要求 2 每处扣 3 分不符合工艺要求 3 每处扣 5 分不符合工艺要求 4 每处扣 10 分	
测量	1. 正确使用测量仪表 2. 能正确读数 3. 能正确记录	15	1. 测量方法不正确扣 2～6 分 2. 读数不正确扣 2～6 分 3. 记录不正确扣 3 分 4. 仪器使用不正确扣 10 分	
调试	能正确按操作指导对电路进行调整	15	调试失败扣 15 分 调试方法不正确扣 2～10 分	
合计总分				

功率放大器的安装与调试

一、实训目的

1. 认识集成功率放大模块，了解各管脚的功能。

2. 学会检测放大电路中的各元器件。

3. 能够识读放大电路的原理图和印制电路板图。

4. 能够独立组装放大器，并熟练使用万用表和示波器对放大电路进行调试和故障检测维修。

二、实训器材

双踪示波器 1 台，直流稳压电源 1 台，常用电子焊接工具 1 套，功率放大器套件 1 套。

三、实训指导

TDA2822 集成电路具有静态电流小、交叉失真小等特点，可组成双声道 BTL 电路。适用于便携式、微小型收录机、电脑音响中作功率放大。

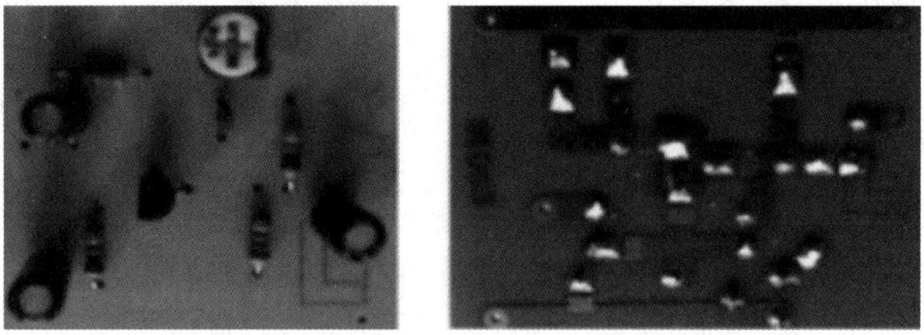

图 7-29　TDA2822M 典型应用电路原理图

TDA2822 集成电路有两种封装形式.其中 TDA2822 采用 16 脚双列封装结构，TDA2822M 采用 8 脚封装结构，两者内部等效电路层本相同。其集成块的内电路方框图如图 7-30 所示。

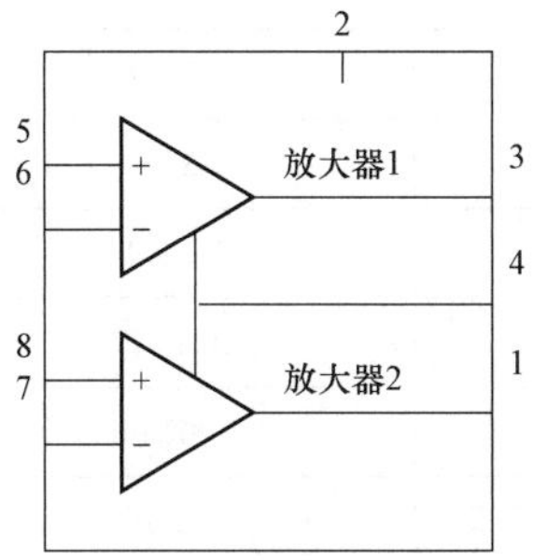

图 7-30　TDA2822M 集成块的内电路方框图

四、实训内容

按照原理图安装并调试功率放大器。

五、实训步骤

1. 识读电路原理图和印制电路板图

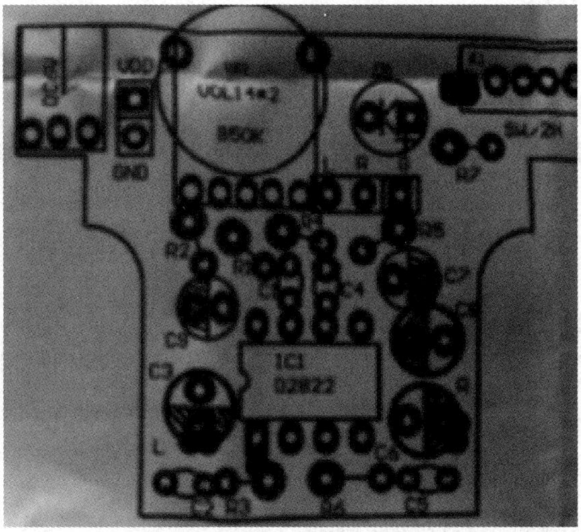

图 7-31　安装电路图（元件面）

2. 安装电路

（1）根据元件清单表，即下表核对元器件的规格和数量。

表 7-3 元件清单

序号	名称	规格	数量	
1	R_1、R_2	13 kΩ	2	
2	R_3、R_4	1.3 kΩ	2	
3	R_5、R_6	2.2 kΩ	2	
4	二极管 VD_1～VD_4	IN4007	4	
5	C_1、C_2	1 002 μF	2	
6	C_3、C_4	470 μF	2	
7	C_5、C_6	105 μF	2	
8	C_7	1 000 μF	1	
9	集成功放	TDA2822M	I	
10	扬声器	4 Ω、5 Ω	1	
11	变压器	220 V/9 V	1	
12	开关 S		1	
13	立体声插头	红白蓝	1	
14	电位器	470 kΩ	2	
15	导线		若干	

（2）检测元器件。

（3）安装并焊接元器件。安装电阻、二极管，再安装电容和 IC，然后安装开关器件，最后进行扬声器的连接。

注意：有极性元器件切记方向不能接反，集成电路也要注意方向，有凹槽的一侧要和印制电路板上 IC 封装符号的缺口方向一致。

3. 调试电路：信号从 TDA2822M 的⑥、⑦脚进入 Ic 内，经功率放大后从①、③脚输出，去推动扬声器或耳机发声。在这部分电路中，C_5、R_3 与 R_4，C_6 组成了左、右声道功放电路的“茹贝尔”网络（电阻和电容串联电路），起到吸收高频尖峰，避免高频自激，稳定输出信号作用，使扬声器接近纯阻状态。

（1）通电前对电路板进行检测。

检测是否有漏装的元器件和连接导线。

检测二极管、电解电容等器件的极性是否正确。

检测电源是否正常。

（2）通电检测。用万用表或示波器首先检测电源和信号源工作是否正常。若正常，按照信号流程检测各功能单元电路的输入和输出信号的电压值或波形。如果有输入信号，没有输出信号，则该单元不工作；如果左、右声道均无声，则检查 TDA2822M ②脚对地间的电压，若电压正常，则故障多为 TDA2822M 本身损坏引起的。

(a) 安装电路正面

(b) 安装电路背面

图 7-32　安装电路图

表 7-4　现场操作考核表

班级		姓名	学号	得分
考核时间		实际时间	自　时　分起至　时　分止	
评价项目	评价内容	配分	评分标准	得分
元器件识别与检测	按电路要求对元器件进行识别与检测	20	元器件识别错一个扣 1 分 元器件检测错一个扣 1 分	
元器件成形与插装	1. 安工艺要求成形 2. 插装符合工艺要求 3. 排列整齐，标志方向一致	20	不符合工艺要求每处扣 1 分 位宽、极性错误每处扣 1 分 排列不整齐，标志方向乱每处扣 1 分	
焊接	1. 焊点光滑均匀 2. 无虚焊、漏焊、桥牌 3. 导线与焊盘无断裂、翘起、脱落现象 4. 工具、图纸、元器件放置有规律，符合要求	30	不符合工艺要求 1 每处扣 1 分不符合工艺要求 2 每处扣 3 分不符合工艺要求 3 每处扣 5 分不符合工艺要求 4 每处扣 10 分	
测量	1. 正确使用测量仪表 2. 能正确读教 3. 能正确记录	15	1. 测量方法不正确扣 2～6 分 2. 读数不正确扣 2～6 分 3. 记录不正确扣 3 分 4. 仪器使用不正确扣 10 分	
调试	能正确按操作指导时电路进行调整	15	调试失败扣 15 分 调试方法不正确扣 2～10 分	
合计总分				

知识小结

1. 放大器的主要功能就是将输入信号不失真地放大。放大器的核心元器件是晶体三极管，按晶体管的连接方式来划分有共射极、共基极和共集电极三种放大器。要不失真地放大交流信号，必须给放大器设置合适的静态工作点，以保证晶体三极管工作在放大区。

2. 当环境温度变化、电源电压波动或更换晶体管时，都会使放大电路静态工作点发生改变。为了使静态工作点稳定，常采用分压式偏置放大电路。

3. 在多级放大电路中有四种耦合方式，阻容耦合、变压器耦合、直接耦合和光电耦合。多级放大电路中电压放大倍数等于各级电压放大倍数的连乘积，输入电阻等于第一级输入电阻，输出电阻为末级的输出电阻。

4. 在放大电路中，将输出信号的一部分或全部反方向送回到输入回路，与原输入信号共同控制电路的输出的过程称为反馈。带有反馈的放大电路称为反馈放大电路。引入反馈的放大器称为闭环放大器，未引入反馈的放大器称为开环放大器。反馈的类型有正反馈和负反馈；电压反馈和电流反馈；串联反馈和并联反馈；直流反馈和交流反馈。负反馈对放大电路性能的影响有很多项，能提高放大倍数的稳定性、减小非线性失真、改变输入电阻和输出电阻等。

5. 功率放大器的主要任务是在非线性失真允许的范围内，高效地获得尽可能大的输出功率。对功率放大器的基本要求是输出功率大、失真小、效率高、散热性好。常见功率放大器按半导体三极管所设静态工作点位置不同，可分为甲类、乙类、甲乙类三种功放电路。按输出特点可分为输出变压器功放、无输出变压器功放（OTL 电路）、无输出电容器功放（OeL 电路）和桥接无输出变压器功放（BTL 电路）几种类型。

6. 集成运算放大器是用集成电路工艺制成的具有高电压放大倍数的直接耦合多级放大电路。它一般由输入级、中间级、输出级和偏置电路四部分组成。理想集成运放的条件是：开环差模电压放大倍数 $A_{ud}\to\infty$、差模输入电阻 $r_{id}\to\infty$、输出电阻 $r_0\to0$、输入偏直电流 $I_{B1}=I_{B2}=0$、共模抑制比 $K_{CMR}\to\infty$。集成运放有线性应用和非线性应用两大类，在线性应用时可利用“虚短”和“虚断”进行分行；在非线性应用时“虚短”不再成立，但仍满足“虚断”，输出电压只有两种状态。

第八章

数字电子

第一节　组合逻辑电路

随着时代的发展，数字化已成为当今电子技术的发展潮流。数字化的设备也越来越多地出现在社会各个领域，如数字电视、数码相机、数字手表、数字通信、数字控制等。数字电路是数字电子技术的核心，也是计算机和数字通信的硬件基础。本单元主要介绍数字电路的一些基本知识。

图 8-1　数字技术在数码产品中的应用

一、数字信号和数字电路

（一）数字信号

信号的形式多种多样，而电子电路中的电信号可以分为两大类：数字信号和模拟信号。模拟信号是指那些在时间上和数值上都是连续变化的电信号。如模拟语音的音频信号、热电偶上得到的模拟温度的电压信号等。数字信号则是一种离散信号，它在时间和数值上是离散的。这些信号的变化发生在一系列离散的瞬间，如电子表的秒信号，生产流水线上记录零件个数的计数信号等。

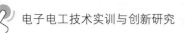

数字信号一般用两个离散数值 1 和 0 代表电压的高、低。这里的 1 和 0 没有大小之分，只是代表两种对立的状态。

（二）数字电路

1. 数字电路的概念

数字电路是用来处理数字信号的电路。主要用来研究数字信号的产生、变换、传输、存储、控制和运算等。

2. 数字电路的特点

（1）数字信号只有 1 和 0 两个状态，可以很方便地用开关的通断来实现。因此数字电路是一系列的开关电路。这种电路结构简单，容易制造，便于集成、系列化生产，成本低廉，使用方便。

（2）数字电路中，半导体元件均处于开关状态，利用管子的饱和和截止状态来表示数字信号的高、低电平。

（3）不仅能完成数值运算，还可以进行逻辑运算与判断，在控制系统中是不可少的，因此又把它称为“数字逻辑电路”。

二、数制与数码

人们在日常生活和工作中，经常会用到一些不同的计数制，比如分、秒间的六十进制，小时计数的十二进制或二十四进制等。而人们最常使用的是十进制，但数字电路处理的信号是二进制，这样就造成了在实际中使用十进制的不方便。那么我们所熟悉的十进制与数字电路中采用的二进制各有什么特点，两种进制之间又是怎样实现相互转换的？我们通过本节进行了解。

（一）数制

数制就是计数进位制的简称。数制所使用数码的个数称为基数。例如二进制的基数为 2；十进制的基数为 10。数制中每一固定位置对应的单位值称为位权。例如十进制第 2 位的位权为 10，第 3 位的位权为 100。

1. 十进制数

（1）特点。采用 0、1、2、3、…、9 十个数码，基数为 10。运算规律“逢十进一”。

（2）举例。

$$(555.55)_{10}=5\times10^2+5\times10^1+5\times100+5\times10^{-1}+5\times10^{-2}$$

由此可以推导出任意一个 n 位十进制数正整数的权展开式为

$$(a_n,a_{n-1},\cdots,a_1a_2)_{10}=a_n\times10^{n-1}+\cdots+a_2\times10^1+a^1\times10^0$$

2. 二进制数

（1）特点。采用 0 和 1 两个数码，基数为 2。运算规律“逢二进一”。

（2）举例：

$$(101.01)_2=1\times2^2+0\times2^1+1\times2^0+0\times2^{-1}+1\times2^{-2}$$

由此可以推导出任意一个 n 位二进制正整数的权展开式为

$$(a_na_{n-1}\cdots a_1a_2)_2=a_n\times2^{n-1}+\cdots+a_2\times2^1+a_1\times2^0$$

3. 二进制数转化为十进制数

（1）方法。先写出二进制的位权展开式，然后按十进制相加，就可得到等值的上进制数。这种方法我们称为“乘权相加法”。

（2）举例。

将二进制数（101101）$_2$ 转换为十进制数。

解：$(101101)_2=(1\times2^5+0\times2^4+1\times2^3+1\times2^2+0\times2^1+1\times2^0)^{10}=(2^5+2^3+2^2+2^0)^{10}=(45)_{10}$

4. 十进制转化为二进制

（1）方法。把十进制数不断地用 2 除，直到商为 0 为止。然后把所有的余数按照相反的次序排列起来，就是等值的二进制数。这种方法称为“除 2 取余倒记法”。

（2）举例。

将十进制数（97）$_{10}$ 转换为二进制数。

解：

2|97…余 1　→2^0 位

2|48…余 0　→2^1 位

2|24…余 0　→2^2 位

2|12…余 0　→2^3位

2|6…余 0　→2^4位

2|3…余 1　→2^5位

1　…余 I　→2^6位

所以$(97)_{10}=(1100001)_2$

（二）码制

1. 代码

在数字系统中可以用多位二进制数码来表示数量的大小，也可以表示各种文字、符号等，这样的多位二进制数码叫做代码。

2. 编码

因为数字设备只能识别 1 和 0，这就要求建立人一机联系，即用代码来表示信息。建立代码与信息之间的一种对应关系称为编码。

3. 二–十进制代码

数字电路处理的是二进制数，而人们习惯使用十进制，所以就产生了用四位二进制数来表示一位十进制数的计数方法。这种用于表示十进制数的二进制代码称为 BCD 码。表示方法为四位二进制数码的位权从高位到低位依次是 8（2^3）、4（2^2）、2（2^1）、1（2^0）。可见各位的权值依次为 8、4、2、1，故称 8421BCD 码。

表 8-1　十进制数与 8421BCD 码的对应关系

十进制数	0	1	2	3	4	5	6	7	8	9
二进制数	0000	0001	0010	0011	0100	0101	0110	0111	1000	1001

用 8421BCD 码表示十进制数时，将十进制数的每个数码分别用对应的 8421BCD 码组代入即可。例如十进制 368 用 8421BCD 码表示时，直接将十进制数 3、6、8 对应的四位二进制数码 0011、0110、1000 代入即可得到转换结果。

即$(368)_{10}=(001101101000)_{8421BC}$。

例：将十进制 82 表示为 8421BCD 码的形式。

解：由表 8-1 可得$(82)_{10}=(10000010)_{8421BC}$。

三、基本逻辑关系

逻辑是指一定的因果关系。通常用符号“1”和“0”表示某一事件的对立状态。称为逻辑 1 和逻辑 0。假定用 1 表示高电平，用 0 表示低电平，称为正逻辑；反之，则称为负逻辑。基本的逻辑关系有“与”“或”，“非”三种。下面将依次学习。

（一）与逻辑

观察图 8-2（a），图中电路由两个串联开关 A、B 和灯泡 L 组成。可以看出，只有开关 A 和 B 都闭合，灯 L 才亮。如果我们把开关 A、B 定为原因，灯 L 为结果，会得到如图 8-2（b）所示的状态表。

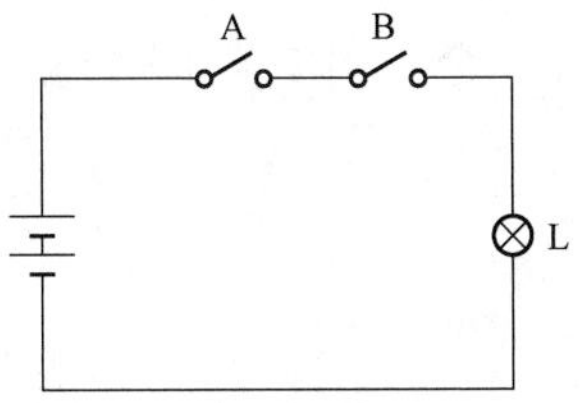

(a) 电路图

开关A	开关B	灯
断开	断开	灭
断开	闭合	灭
闭合	断开	灭
闭合	闭合	亮

(b) 状态表

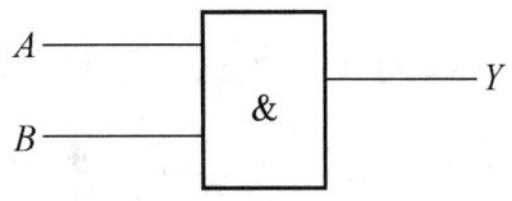

(c) 符号

图 8-2　与逻辑

1. 逻辑关系

图 8-29 逻辑只有当决定一件事情发生的所有条件（A、B……）都成立之后，事件（Y）才会发生，这种逻辑关系称为与逻辑。

2. 逻辑符号

实现与逻辑关系的电路称为与门电路，其逻辑符号如图 8-2（c）所示。

3. 逻辑表达式

图 8-2 中 A、B 表示输入逻辑变量，Y 表示输出逻辑变量。则与逻辑表达式为 $Y=A\cdot B=AB$。

4. 逻辑真值表

与门的逻辑关系，除了用与逻辑函数表达式表达外，还可以用真值表表示。所谓真值表是指逻辑门电路输出状态和输入状态逻辑对应关系的表格，如表 8-2 所示。

表 8-2　与逻辑真值表

输入		输出
A	*B*	*Y*=*AB*
0	0	0
0	1	0
1	0	0
1	1	1

5. 逻辑功能

从真值表中可以看出，与电路的逻辑功能为“有。出 0，全 1 出 1”，即“输入有 0，输出为 0：输入全 1，输出为 1”。

（二）或逻辑

观察图 8-3（a），图中电路由两个并联开关 A、B 和灯泡 L 组成。可以看出，A、B 两个开关中只要有一个闭合，灯 L 就亮，结果会得到如 8-3（b）所示的状态表。

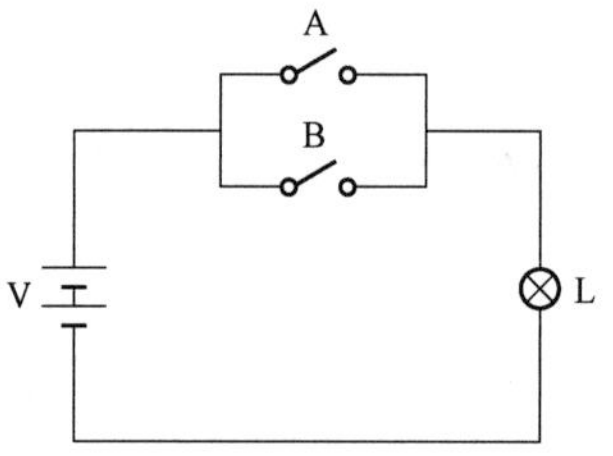

(a) 电路图

开关A	开关B	灯
断开	断开	灭
断开	闭合	亮
闭合	断开	亮
闭合	闭合	亮

(b) 状态表

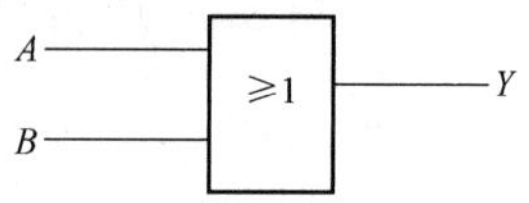

(c) 符号

图 8-3　或逻辑

1. 逻辑关系

当决定一件事情的几个条件（*A*、*B*……）中，只要有一个或多个条件具备时，这件事件就会发生。我们把这种逻辑关系称为或逻辑。

2. 逻辑符号

实现或逻辑关系的电路称为或门电路。其逻辑符号如图 8-3（c）所示。

3. 逻辑表达式

图 8-3c 中 A、B 表示输入逻辑变量，Y 表示输出逻辑变量。则或逻辑表达式为 $Y=A+B$。

4. 逻辑真值表

或逻辑的真值表如表 8-3 所示。

表 8-3　或逻辑真值表

输入		输出
A	B	$Y=A+B$
0	0	0
0	1	1
1	0	1
1	1	1

5. 逻辑功能

从真值表中可以看出，或电路的逻辑功能为“有 1 出 1，全 0 出 0”，即“输入有 1，输出为 1；输入全 0，输出为 0”。

（三）非逻辑

观察图 8-4（a），图中当开关 A 断开时，灯才会亮；而当开关 A 闭合时，灯就会因短路而熄灭，结果会得到如图 8-4（b）所示的状态表。

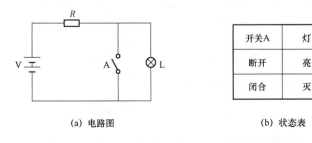

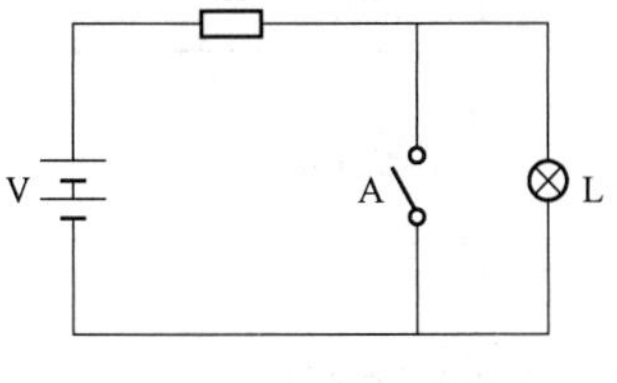

(a) 电路图

开关A	灯
断开	亮
闭合	灭

(b) 状态表

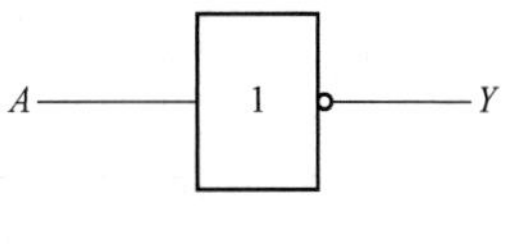

(c) 符号

图 8-4　非逻辑

1. 逻辑关系

当决定事件发生的条件（A）满足时，事件（Y）发生。这种逻辑称为非逻辑，又称反逻辑。

2. 逻辑符号

实现非逻辑关系的电路称为非门电路。其逻辑符号如图 8-4（c）所示。

3. 逻辑表达式

$$Y=A$$

4. 逻辑真值表

非逻辑的真值表如表 8-4 所示。

表 8-4　非逻辑真值表

输入	输出
A	$Y=A$
0	1
1	0

5. 逻辑功能

“输入为 1，输出为 0；输入为 0，输出为 1。”

（四）常用复合逻辑门

日常使用中，常把与门、或门和非门组合起来使用，称为组合逻辑门电路。表 8-5 所示为常用逻辑门的逻辑表达式、逻辑功能和逻辑符号。

表 8-5　组合逻辑门

名称	逻辑符号	逻辑表达式	逻辑功能
与非门	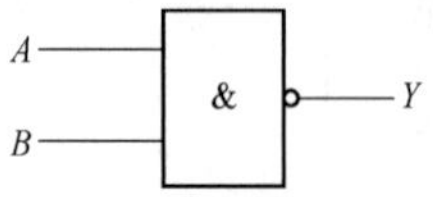	$Y=\overline{AB}$	有 0 出 1，全 1 出 0
或非门	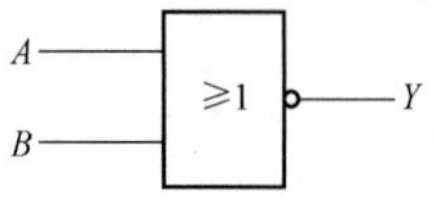	$Y==\overline{A+B}$	有 1 出 0，全 0 出 I

续表

名称	逻辑符号	逻辑表达式	逻辑功能
异或门	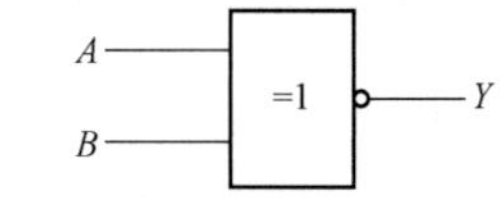	$Y=A\oplus B$	两个输入端取值相同时，输出为 0：两个输入端不同时，输出为 1
与或非门	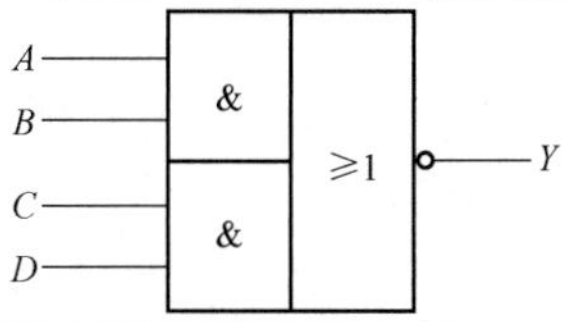	$Y=\overline{AB+CD}$	输入端任何一组全为 1 时，输出为 0；各组输入至少有一个为 0 时，输出才为 1

（五）基本逻辑运算

逻辑代数是分析数字电路所使用的数学工具。1847 年由英国数学家乔治·布尔首先创立。所以逻辑代数又称布尔代数，它与普通代数有着不同的概念。逻辑代数表示的不是数值大小之间的关系，而是逻辑关系。它仅有 0、1 两种状态。逻辑代数是分析和设计数字电路的数学基础。它有一些基本的运算定律，应用这些定律可以把一些更杂的逻辑函数式化简，任何事物的因果关系均可用逻辑代数中的逻辑关系表示。这些逻辑关系称为逻辑运算。

1. 逻辑关系的运算规则

逻辑运算中要用到一些逻辑代数定律，其中有的定律与普通代数相似，有的定律与普通代数不同。下面介绍一些常用的逻辑代数定律。

表 8-6　逻辑代数的基本定律和公式

名称	公式 1	公式 2
0-1 律	$A\cdot 1=A$ $A\cdot 0=0$	$A+0=A$ $A+1=1$
互补律	$A\cdot A=0$	$A+A=1$
重叠率	$AA=A$	$A+A=A$
交换律	$AB=BA$	$A+B=B+A$
结合律	$A(BC)=(AB)C$	$A+(B+C)=(A+B)+C$
分配率	$A(B+C)=AB+AC$	$A+BC=(A+B)(A+C)$
反演律	$\overline{AB}=\overline{A+B}$	$\overline{A+B}=\overline{AB}$
吸收律	$A(A+B)=A$ $A(\overline{A}+B)=AB$	$A+AB=A$ $A+AB=A+B$
非非律	$\overline{A}=A$	

上表所列的定律，有些是可以利用简单的公式证明的复杂公式，而有些定律可用检验等式左边的函数与右边函数的真值表是否吻合来证明。例用公式证明吸收律 $A+\bar{A}B=A+B$

证：$A+\bar{A}B=A(B+\bar{B})+AB$

$=AB+A\bar{B}+\bar{A}B$

$=AB+AB+A\bar{B}+\bar{A}B$

$=A(B+\bar{B})+B(A+\bar{A})$

$=A+B$

例：用真值表证明反演律$\overline{A+B}=\overline{AB}$

证明：将等式两端列出真值表，见表 8-7

表 8-7　等式两端真值表

AB	$\bar{A}\bar{B}$	$\overline{A+B}$
00	1	1
01	0	0
10	0	0
11	0	0

由表可知，$\overline{A+B}=\bar{A}\ \bar{B}$，所以等式成立。

2. 逻辑函数的代数化简法

一个逻辑函数的表达式不是唯一的，可以有多种形式，这样实现它的电路就可以是多种多样的，这是它的优点，设计者可以根据自己手头的元器件选择适合的逻辑电路，进而选择合适的逻辑表达式。但是，我们希望电路工作稳定可靠，响应速度快，能耗低，这就要求实现它的逻辑门电路越简单越好，即逻辑函数式越简化越好，那么怎样的函数式才是最简呢？最简式必须是乘积项的个数最少，即与项的个数最少，表达式中“＋”最少；其次是每个与项中的变量最少，即表达式中最少。得到函数的最简表达式就是逻辑函数化简的意义。逻辑函数化简法最常用的方法是代数法化简，这种化简方法没有固定的步骤。下面介绍几种常用的化简方法。

【并项法】运用公式 $A+\bar{A}=1$，将两项合并为一项，消去一个变量。

【吸收法】运用吸收律 $A+AB=A$，消去多余的与项。

【消去法】运用吸收律 $A+\bar{A}B=A+B$，消去多余的因子。

【配项法】先通过乘以 $A+\bar{A}=1$ 或 $A\bar{A}=0$，增加必要的乘积项，再用以上方法化简。

在化简逻辑函数时，要灵活运用上述方法，才能将逻辑函数化为最简。有时，公式化简的结果并不是唯一的，如果两个结果形式（项数、每项中的变量数）相同，则两者均正确。

例：化简函数 $Y=AD+A\bar{D}+AB+\bar{A}C+BD$

解：$Y=AD+A\bar{A}+AB+\bar{A}C+BD$

$=(AD+A\bar{D})+AB+\bar{A}C+BD$

$=A+AB+AC+BD$

$=(A+\bar{A}C)+AB+BD$

$=A+C+BD$

（六）逻辑函数的表示方法

表示一个逻辑函数一般常用四种表示方法，即真值表、逻辑函数式、逻辑图和卡诺图，这里只介绍前三种各自的特点以及它们之间的关系。

1. 真值表

优点是直观，输入变量确定后，便可在真值表中直出此时的输出状态。解决实际问题，设计逻辑电路时，总是先根据设计要求列出真值表，可见真值表是个很好的链接。但是真值表也有自身的缺点：如果输入量过多，真值表会比较大，显得过于繁琐。

由逻辑函数式求真值表：将所有的变量组合及对应的函数值按照顺序排列起来就能得到需要的真值表。

2. 逻辑函数式

逻辑函数式是指由逻辑变量和“与”“或”“非”三种运算符所构成的表达式。由真值表可以转换为函数表达式。

由真值表求逻辑函数式：将真值表中函数值等于 1 的变量组合选出来；每个组合中凡是取值为 1 的变量写成原变量的形式（如 A、B），取值为 0 的变量写成反变量的形式（如$\bar{A}$、$\bar{B}$）；将同一组合中的所有变量相乘得到一个乘积项；最后将所有组合的乘积项相加就可以得到逻辑表达式。

3. 逻辑图

逻辑图是由逻辑符号及它们之间的连线而构成的图形。由函数表达式可以画出其相应的逻辑图。由逻辑图也可以写出其相应的函数表达式。

例：已知函数的逻辑表达式 $Y=AB+\bar{A}\bar{B}$，列出 Y 的真值表，画出逻辑图。

解：（1）由逻辑表达式求真值表：该函数有两个变量，有四种取值的可能组合，将它们按顺序排列起来即得如表 8-8 所示真值表。

表 8-8　$Y=AB+\bar{A}\bar{B}$真值表

AB	Y
00	1
01	0
10	0
11	1

（2）由表达式画逻辑图：分析此电路由两个非门，两个与门和一个或门组成，如图 8-5 所示。

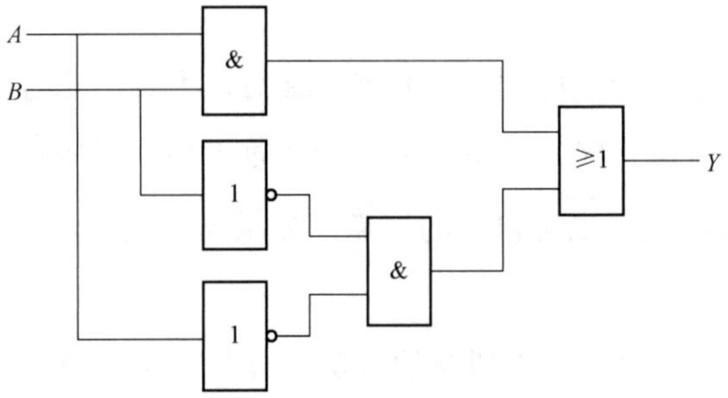

图 8-5　逻辑图

四、组合逻辑电路

用来实现基本逻辑关系的电路称为门电路，根据基本的逻辑关系，我们知道基本的门电路包括与门、或门、非门、与非门、或非门、与或非门、异或门等。将逻辑门电路按一定的规律加以组合就构成了具有各种功能的逻辑电路，称之为组合逻辑电路。

组合逻辑电路的特点在于它在功能上无记忆，结构上无反馈.即它的输出只取决于该时刻的输入，而与电路原来的状态无关。

（一）基本门电路

1. 晶体二极管与门电路

能实现与逻辑功能的电路称为与门池路。如图 8-6 所示，是由两个晶体二极管组成的最简与门电路。

A、B 为两个输入端，Y 为输出端。设 U_{CC} 为 5 V。可发现：

当输入端 $U_A = U_B = 3$ V，即 A、B 端同时输入高电平，此时两个二极管都导通.输出 Y 为高电平 3 V；

当输入端 $U_A = 3$ V，$U_B = 0$ V，二极管 VD_2 导通，VD_1 截止，此时输出 Y 为低电平 0 V；

同样的原理，可以分析出当 $U_A = U_B = 0$ V 时，输出 Y 为低电平 0 V；当 $U_A = 0$ V，$U_B = 3$ V 时，输出端 Y 为低电平 0 V；

若用逻辑“1”表示高电平，用逻辑“0”表示低电平，可以发现该电路实现的是与逻辑关系。

2. 晶体：极管或门电路

能实现或逻辑关系的电路称为或门电路。如图 8-7 所示，是由两个晶体二极管组成的最简或门电路。

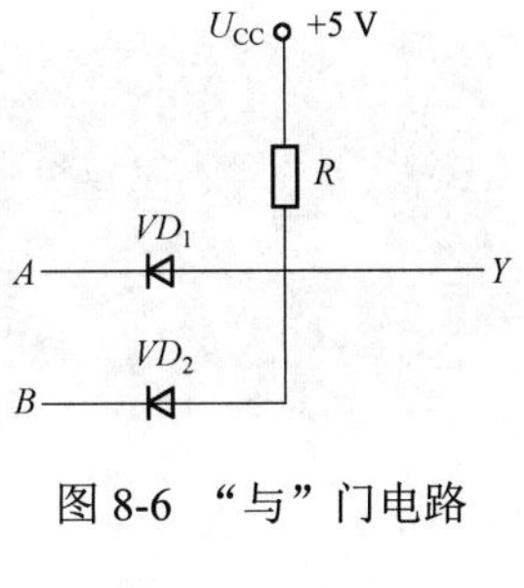

图 8-6 “与”门电路

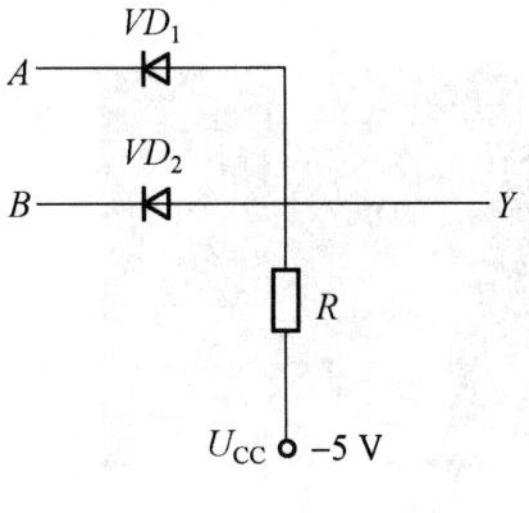

图 8-7 “或”门电路

A、B 为两个输入端，Y 为输出端。可发现：

当输入端 $U_A = U_B = 3$ V，即 A、B 端同时输入高电平，此时两个二极管都导通，输出 Y 为高电平 3 V；

当输入端 $U_A=3\text{ V}$，$U_B=0\text{ V}$，二极管 VD_1 导通，VD_2 截至，此时输出 Y 为高电平 3 V；

同理，可以分析出，只有当 A、B 同时输入低电平时，输出才是低电平；

若用逻辑“1”表示高电平，用逻辑“0”表示低电平，可以发现该电路实现的是或逻辑关系。

3. 晶体三极管非门电路

能实现非逻辑关系的电路称为非门电路。如图 8-8 所示，是由一个晶体三极管组成的最简非门电路。

A 为输入端，Y 为输出端。可发现：

当输入端为高电平时，晶体管饱和导通，输出端 Y 为低电平；当输入端 A 为低电平时，晶体管截止，输出 Y 为高电平。用逻辑“1”表示高电平，用逻辑“0”表示低电平，则可得到非门的真值表。

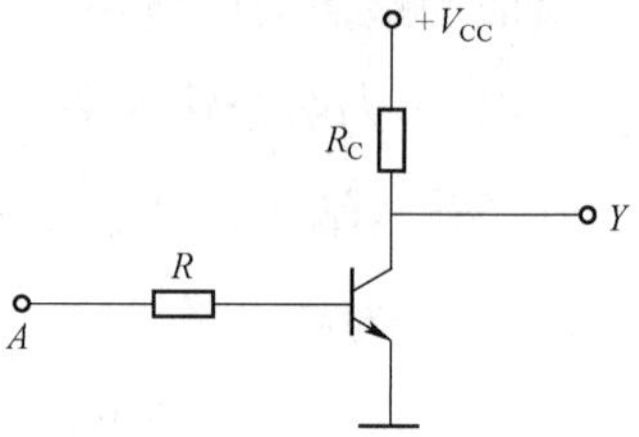

图 8-8　非门电路

（二）集成 TTL 门电路

集成 TTL 门电路的输入端和输出端都采用了晶体三极管，所以又被称为双极型晶体三极管集成电路，简称集成 TTL 门电路。与前面二极管、三极管等分立元器件组成的门电路相比，具有结构简单、开关速度快、工作稳定等优点。利用它可以组成各种门电路、计数器、编码器等逻辑部件，是目前应用最多的一种集成门电路。

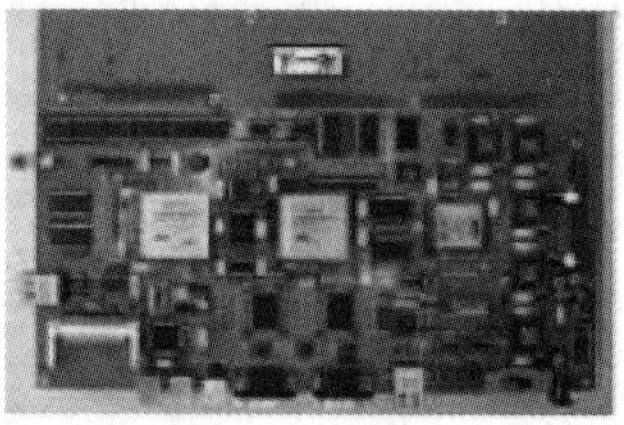

图 8-9　集成门电路

不再介绍它的内部结构及工作原理。主要了解一下它的外部特性，逻辑功能和使用注意事项。

（1）用脚排列方法。TTL 集成电路通常是双列直插式的，不同功能的集成电路，引脚个数不同。但是每个集成电路都有半圆凹槽或者圆点，称为定位标志。将定位标志置于左方，引脚向下，此时最靠近定位标志的引脚规定为第 1 脚，然后按照逆时针自下而上的顺序依次加 1 递增读出序号。

图 8-10　集成块实物图

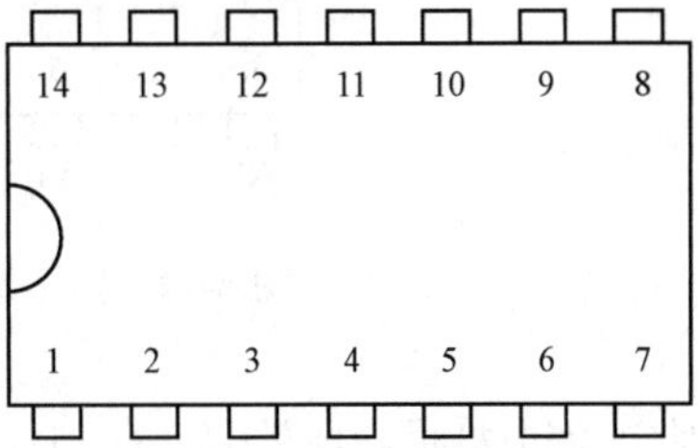

图 8-11　集成块引脚的读法

（2）图 9-12 为三 3 与非门的引脚排列图，其逻辑表达式 $Y=\overline{ABC}$。

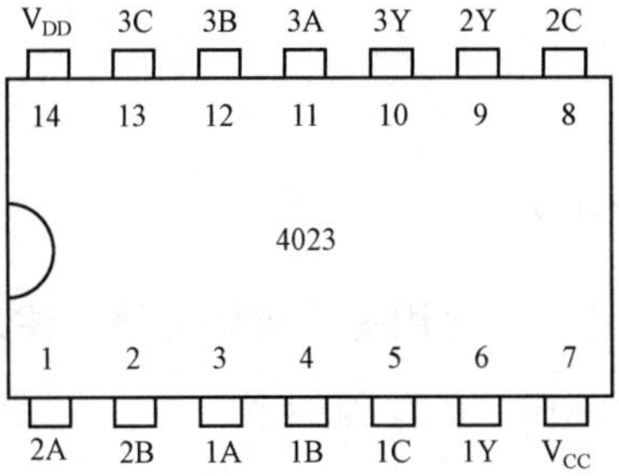

图 8-12　三 3 与非门的引脚排列图

（3）图 8-13 为三 3 与门的引脚排列图，其逻辑表达式 $Y=ABC$。

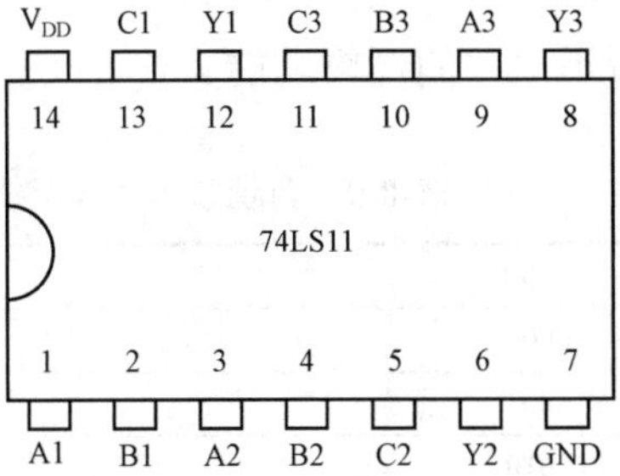

图 8-13　三 3 与门的引脚排列图

（4）图 8-14 为四 2 或非门的引脚排列图，其逻辑表达式为 $Y=\overline{A+B}$。

（5）使用注意事项：电路输入端不能直接连接高于 5.5 V，低于 0.5 V 的电源，

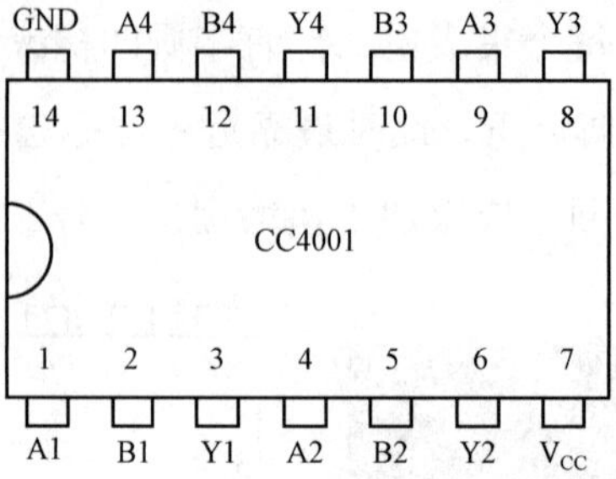

图 8-14　四 2 或非门的引脚排列图

否则会因电流过大而烧坏器件；在与门和非门使用中一般将多余输入端接入高电平，或者与有用的输入端并接。而在或门和或非门使用中，多余输入端应直接接地：多余输出端一般应悬空处理，决不允许直接接电源或接地，否则会产生过大的短路电流而使器件损坏。

（三）组合逻辑电路

1. 组合逻辑电路的分析方法

根据已知的组合逻辑电路，运用逻辑电路运算规律，确定其逻辑功能的过程称为组合逻辑电路的分析。其分析步骤如下。

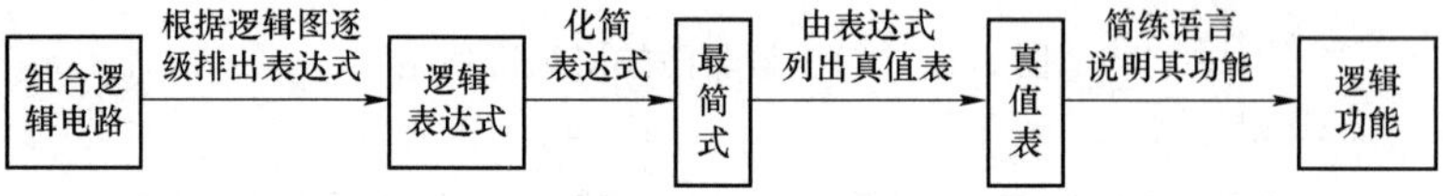

下面举例说明组合逻辑电路的分析方法。

例：试分析图 8-15 所示电路的逻辑功能。

表 8-9　真值表

A B C	*Y*
0 0 0	0
001	0
010	0
011	1
100	0
101	1
110	1
111	1

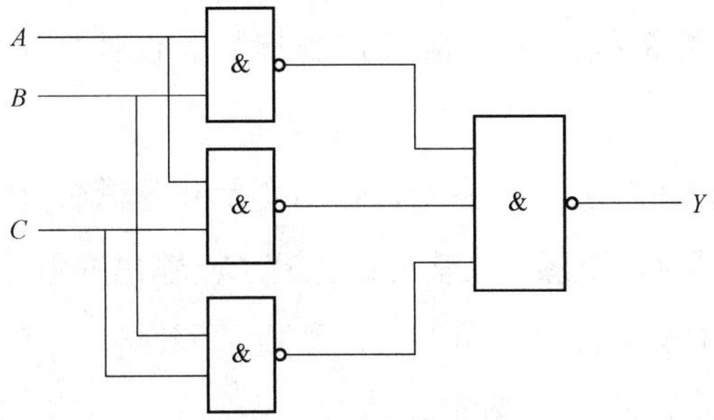

图 8-15　逻辑电路图

解：（1）由逻辑图写出逻辑表达式，为了书写方便，借助中间变量 Y、Y_2、Y_3。

$$Y_1=\overline{AB};\ Y_2=\overline{AC};\ Y_3=\overline{BC}$$

$$Y=Y_1 \cdot Y_2 \cdot Y_3=AB \cdot AC \cdot BC$$

（2）化简

$$Y=AB \cdot AC \cdot BC=AB+AC+BC$$

（3）列出真值表，如表 8-12 所示。

（4）分析电路的逻辑功能。

由真值表可知，三个输入变量 A、B、C，只有两个或两个以上变量取值为 1 时，输出才为 1，其余情况输出均为 0。由此可见，该电路实现的是少数服从多数的表决器逻辑功能。

上例中的输出变量是一个，如果输出量是多个时，分析方法是相同的。但是有时表达式已经是最简式，不需要再化简。

2. 组合逻辑电路的设计方法

与分析过程相反，组合逻辑电路的设计过程可按以下步骤进行。

逻辑问题→真值表→逻辑表达式→最合理表达式→逻辑图

由上步骤可知，组合逻辑电路的设计就是根据给出的实际问题，求出能够实现这一功能的逻辑电路。这一电路一般应以电路简单，所用元器件最少为目标，并尽量减少所用集成器件的种类，所以就要求在设计过程中用代数法来化简或转换逻辑函数。

例：某火灾报警系统，设有烟感、温感和紫外线光感三种类型的火灾探测器。为了防止误报警，只有当其中两种或者两种以上类型的探测器发出火灾检测信号时，报警系统才产生报警控制信号。设计一个产生报警控制信号的电路。

解：(1) 分析设计要求，设输入、输出变量并逻辑赋值。

输入变量：烟感 A、温感 B、紫外线光感 C；输出变量：报警控制信号 Y。

逻辑赋值：用 1 表示肯定，用 0 表示否定。

(2) 列真值表，如表 8-10 所示。

(3) 由真值表写出逻辑表达式并化简。

$$Y=ABC+ABC+ABC+ABC$$

化简得最简式

$$Y=AB+AC+BC$$

(4) 画出逻辑电路图，如图 8-16 所示。

表 8-10　列真值表

A	B	C	Y
0	0	0	0
0	0	1	0
0	1	0	0
0	1	1	1
1	0	0	0
1	0	1	1
1	1	0	1
1	1	1	1

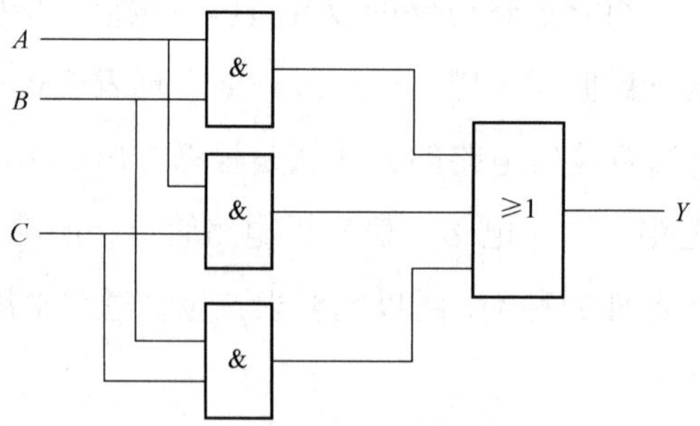

图 8-16　逻辑电路图

（四）典型组合

组合逻辑电路在现实生活中帮人们解决层出不穷的逻辑问题，为解决不同的逻辑问题也就设计了不胜枚举的逻辑电路。其中有许多逻辑电路大量地出现在各种数字系统中。其中就包括编码器、译码器、数据选择器、加法器和数值比较器。下面就简单得介绍一下这几种常见的逻辑电路。

1. 编码器

日常生活中，常见到超市商品上的条形码、电信局给每台电话机编上的号码等，所有这些都是编码的过程。所谓编码，就是将若干个。和 1 按一定规律编排在一起，组成表示不同特定含义的代码的过程。

在编码过程中要注意：

1 位二进制数只有 0 和 1 两种状态，可以表示两种特定含义；

2 位二进制数，有 00、01、10、11 四种状态，可以表示四种特定含义；

3 位二进制数有八种状态，可以表示八种特定含义。

由此可以推断出，用 n 位二进制代码可对不多于 2^n 个输入信号进行编码。

用 n 位二进制代码对 2^n 个信号进行编码的电路，称为二进制编码器。

举例：三位二进制编码器的输入信号是十进制数 0、1、…、7 八个数字，用 I_0～I_7 表示。编码的输出信号是三位二进制代码，用 A、B、C 表示。

表 8-11　三位二进制编码器的真值表

输入	输出		
	A	B	C
I_0	0	0	0
I_1	0	0	1
I_2	0	1	0
I_3	0	1	1
I_4	1	0	0
I_5	1	0	0
I_6	1	1	0
I_7	1	1	1

从真值表可以写出表达式

$$A=I_4+I_5+I_6+I_7 \quad B=I_2+I_3+I_4+I_7 \quad C=I_1+I_3+I_5+I_7$$

2. 译码器

在数字系统中，为了便于读取数据，显示器件通常用人们熟悉的十进制数直观地显示计数结果。因此，在编码器和显示器件之间还必须有一个能把二进制代码“翻译”成对应的十进制数的电路。这个翻译的过程就是译码。译码是编码的逆过程，它将输入的每个二进制代码赋予的含义“翻译”过来，给出相应的输出信号。译码器就是能完成译码功能的逻辑部件。它是多输入、多输出的组合逻辑电路。而对应输入信号的任一状态，一般仅有一个输出状态有效，其他输出状态均无效。

二进制译码器是将二进制码按其原意翻译成相应的输出信号的电路。

设二进制译码器的输入端为 n 个，则输出端为 2^n 个，所以二进制译码器分为 2-4 线译码器、3-8 线译码器和 4-16 线译码器等。每个输出对应于输入代码的每一种状态，2^n 个输出中只有一个为 1（或为 0），其余全为 0（或为 1）。

二进制译码器可以译出输入变量的全部状态，故又称为变量译码器。下面以 2-4 线译码器为例来介绍一下二进制译码器的工作过程。

2-4 线二进制译码器是对输入的 2 位二进制数进行译码，因此具有 22＝4 个输出，其示意图如 8-17 所示，其真值表如表 8-12，从表中可写出用与非门实现的输出逻辑表达式。

表 8-12　2-4 线二进制译码器真值表

输入		输出			
A	B	Y_3	Y_2	Y_1	Y_0
0	0	0	0	0	1
1	0	0	0	1	0
0	1	0	1	0	0
1	1	1	0	0	0

由真值表可写出表达式

$$Y_0=AB \quad Y_1=AB \quad Y_2=AB \quad Y_3=BA$$

图 8-18 即为 2 位二进制译码器的逻辑电路图。图中若 BA 为 1、0 时，只有

Y_2输出为“高”电平，即给出了代表十进制数为 1 的数字信号，其余三个与门均输出“低”电平。

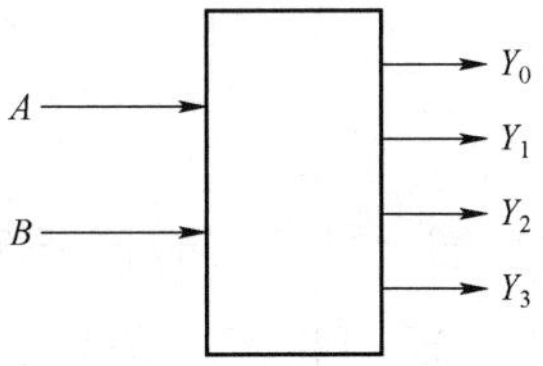

图 8-17　示意图

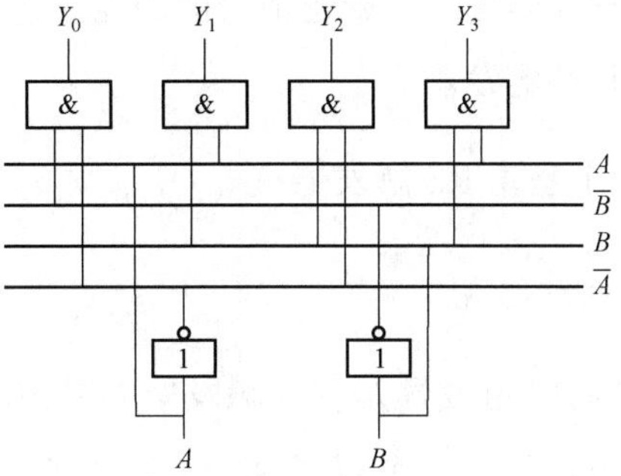

图 8-18　2 位二进制译码器的逻辑电路图

第二节　时序逻辑电路

一、触发器

在现实生活中，在商场、路边都会看见投放硬币就会自动出售饮料的售卖机，也会在儿童乐园看到投放硬币会运动的电动火车等，这些动作的完成就需要机器将前面投放硬币的信息存储起来，然后再将信息进行处理。这都离不开具有记忆功能的电路。

根据前面学习的门电路知识可以知道，门电路可以根据输入条件的满足与否决定是否将该信号向后级传输。

这种电路不仅要对数字信号进行运算，而且常常还要将这些信号和运算结果保存起来。这样，电路中就需要具有记忆功能的基本逻辑单元，触发器就是具有记忆功能，并可以将数字信息存储的基本单元电路。

触发器的特点 1：触发器有两个稳定状态，一个是 0 状态，另一个是 1 状态。

触发器有两个输出端，它们的状态是互补的，分别记作 Q 和 $\overline{Q}$，通常规定触发器 Q 端的状态为触发器的状态，即 $Q=0$ 时，称触发器为“0”态；$Q=1$ 时，称触发器为“1”态。

触发器的特点 2：触发器可以根据输入信号的不同，置 P” 或者置“1”；输入信号消失后，被置的用”或“1”态能保存下来，即具有记忆功能。

触发器的分类：触发器按触发方式不同，可以分为同步触发器、主从触发器及边沿触发器等。根据逻辑功能的差异，可以分为 *RS* 触发器、*D* 触发器、*JK* 触发器等几种触发器。

（一）基本 RS 触发器

1. 电路组成

基本 RS 触发器是各种触发器中结构形式最简单的一种，同时也是许多结构复杂的触发器的一个组成部分。基本 RS 触发器的逻辑图和逻辑符号如图 8-19 所示。

从图 8-19 中可以看出，基本凡 RS 触发器是由两个与非门 G1 和 G2 的输入端与输出端交叉连接构成的。

如图 8-19（a）所示，$\overline{R}_P$，$\overline{S}_D$ 是它的两个输入端，Q、$\overline{Q}$是两个输出端。

2. 逻辑功能

（1）当$\overline{R}_D=\overline{S}_D=1$ 时，若触发器原状态为 1 态，即 $Q=1$，门 G2 的两个输入端均为 1，因此门 G2 的输出$\overline{Q}$为 0，使门 G1 的输出为 1；若触发器原状态为 0 态，门 G1 的两个输入端均为 1，因此门 G1 的输出为 0；可见，在$\overline{R}_D=\overline{S}_D=1$ 时，触发器的状态并不变化，这就是触发器“保持”的逻辑功能，也称为记忆功能。

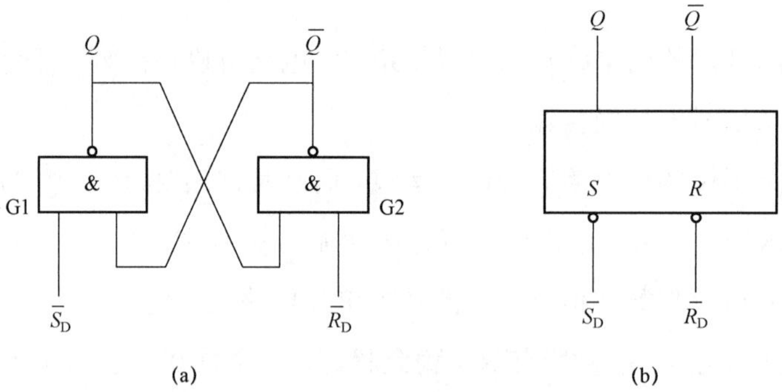

图 8-19　基本 RS 触发器

（2）当$\overline{R}_D=1$，$\overline{S}_D=0$ 时，由于$\overline{S}_D=0$，门 G1 的输出 $Q=1$，门 G2 的两个输入端全为 1，则$\overline{Q}=0$。触发器的状态为 1 态。这就是触发器的置 1 或者置位功能，

所以称$\overline{S}_D$端为置 1 端或称置位端。

（3）当$\overline{R}_D=0$，$\overline{S}_D=1$ 时，由于$\overline{S}_D=0$，门 G2 的输出为$\overline{Q}=1$，因而此时门 G1 的输入端均为 1，则 $Q=0$，触发器的状态为 0 态，这就是触发器的置 0 或者复位功能，所以称$\overline{R}_D$端为置 0 端或者复位端。

（4）当$\overline{R}_D=\overline{S}_D=0$ 时，门 G1 和门 G2 的输出都为 1，破坏了互补关系。因而在无$\overline{R}_D$、$\overline{S}_D$的低电平触发信号同时消失后，Q 和$\overline{Q}$的下一个状态不能确定，这种情况应当避免，否则会出现逻辑混乱或错误。

逻辑功能表中 Q 表示触发器原来所处状态，称为初态。Q_{n+1} 表示输入信号或时钟脉冲作用后的状态，称为次态。

（二）同步 RS 触发器

在实际应用中，数字系统为了保证各部分电路动作协调一致，常常要求一些触发器在同一时刻动作。因此在 AS 触发器上增加一个控制端 CP。CP 称为时钟脉冲，只有在这个控制端出现时钟脉冲时，触发器才动作。即在时钟脉冲到来时输入触发信号才起作用，这样触发器的状态改变是与时钟脉冲 CP 同步进行的，这种触发器叫做同步 Ks 触发器，也称为钟控 RS 触发器。

1. 电路组成

它的逻辑图和逻辑符号如图 8-20 所示。

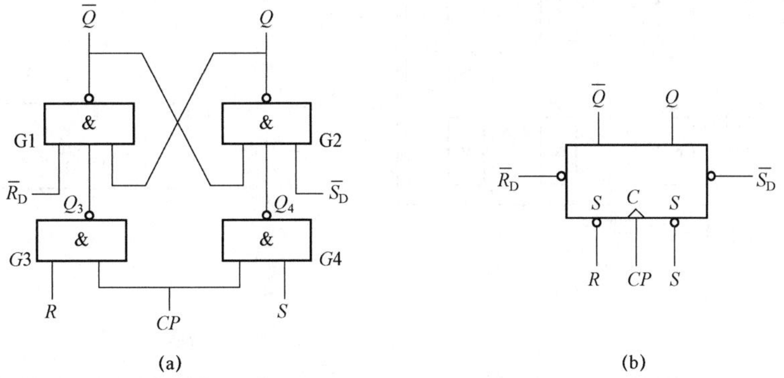

图 8-20　同步的触发器

从图 8-20 中可以看出，同步 RS 触发器是在基本 RS 触发器的基础上增加两个与非门构成的，图中 G1 和 G2 门组成基本及触发器，G3、G4 构成控制门。

2. 逻辑功能

（1）当 CP=0 时，即无时钟脉冲信号作用时，G3 和 G4 门输出为 1，被封锁，不论 *R*、*S* 信号如何变化，G1、G2 组成的基本 *AS* 触发器状态保持不变，输出端状态不变。

（2）当 CP=1 时，G3、G4 被打开，输出信号分别是 *R*、*S* 信号取反，取反后的信号作为 G1、G2 的输入端，从而使触发器翻转。

同步 AS 触发器只有在 CP=1 时工作，在此期间，输入信号多次变化，触发器也随之多次变化，同步 RS 触发器的输出可能会发生多次翻转，这种现象称为空翻。不能满足每来一个 CP 脉冲输出状态只翻转一次的要求。这是同步 RS 触发器的缺点。

（三）主从 JK 触发器

由于同步 RS 触发器工作时受 R、S 不能同时为 1 的限制，存在不确定的状态，还存在空翻现象，所以在 RS 触发器的基础上发展了其他几种触发器。其中一种就是主从 JK 触发器。

1. 电路组成

它的逻辑图和逻辑符号如图 8-21 所示。

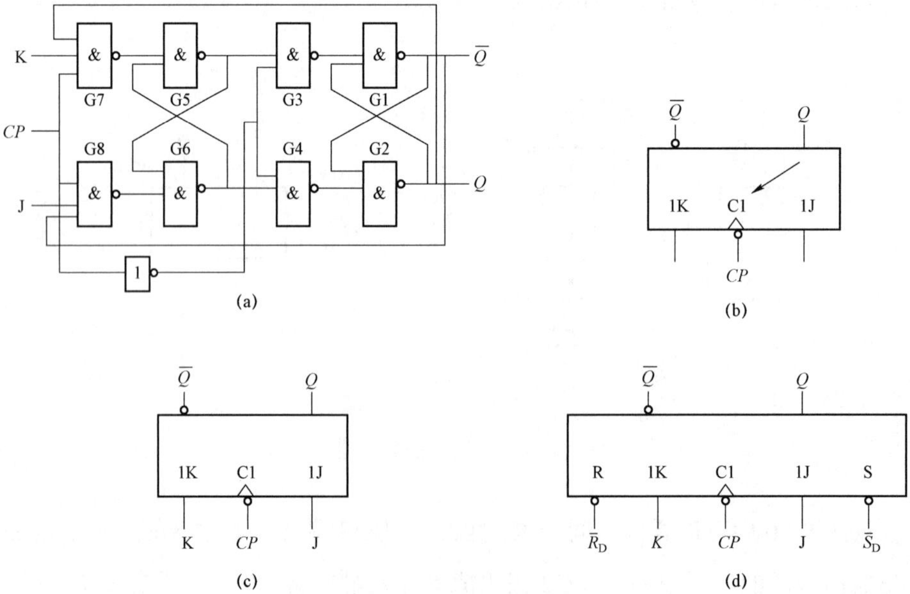

图 8-21　主从 JK 触发器

从图 8-21 中可以看出，主从 JK 触发器由两个同步 RS 触发器组成，前一级称为主触发器，后一级称为从触发器，两级触发器的时钟信号互补。主触发器直接接收输入信号，从触发器接收主触发器的输出信号。

2. 逻辑功能

主从 JK 触发器没有约束条件，在 J=K=1 时，每输入一个时钟脉冲，触发器的状态就翻转一次。

JK 触发器还包括边沿 JK 触发器。它的逻辑符号见图 8-21（c）、（d），图形符号中 CP 端有小圆圈表示下降沿触发有效，无小圆圈代表上升沿触发有效。$\overline{R}_D$ 低电平有效，是直接复位端，$\overline{S}_P$ 也是低电平有效，是直接置位端。

（四）触发器

D 触发器只有一个信号输入端，时钟脉冲 CP 未到来时，输入端的信号不起任何作用，只在 CP 信号到来的瞬间，输出立即变成与输入相同的电平。

1. 电路组成

它的逻辑图和逻辑符号如图 8-22 所示。

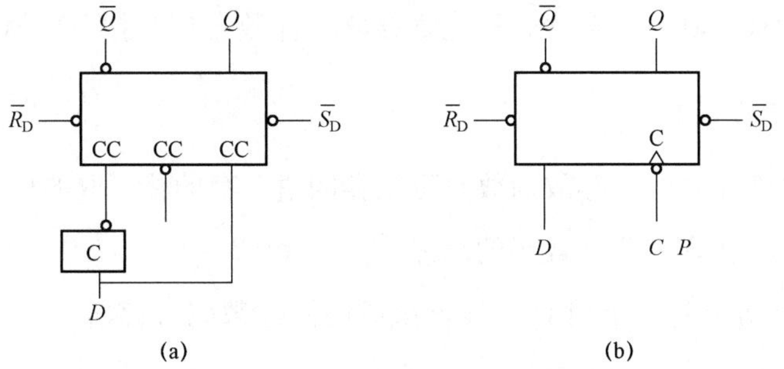

图 8-22　D 触发器

从图 8-22 中可以看出，D 触发器是由 JK 触发器演变而来的，触发器的 K 端串接一个非门后，再与 J 端相连，作为输入端，即构成 D 触发器。

2. 逻辑功能

D 作为信号输入端，CP 作为时钟脉冲控制端。

（1）D=0 时，与 JK 触发器的 J=0，K=1 时的情况一样，当 CP 脉冲到来后，触发器置 0。

（2）D=1 时，与 JK 触发器 J=1，K=O 的情况相同，当 CP 脉冲到来时，触发器置 1。

二、时序逻辑电路

数字电路按逻辑功能和电路组成特点不同可分为组合逻辑电路和时序逻辑电路。组合逻辑电路在前面已经做了介绍，通过学习，知道组合逻辑电路的输出状态只取决于当前的输入状态，那么时序逻辑电路的输出又是由什么条件决定的呢？下面就来学习时序逻辑电路。

时序逻辑电路的概念：电路任一时刻的输出状态不仅与该时刻的输入状态有关，而且与电路的原状态有关，这种电路称为时序逻辑电路。触发器就是一种最简单的时序逻辑电路。

时序逻辑电路的组成：时序逻辑电路是由组合逻辑电路和存储电路两部分组成的。存储电路是用来记忆给定时刻前的输入、输出信号。

时序逻辑电路的分类：按时钟信号输入方式的不同，可分为同步时序逻辑电路和异步时序逻辑电路；按输出信号的特点可分为米里型和摩尔型；按逻辑功能不同，可分为寄存器、锁存器、移位寄存器、计数器和节拍发生器。

（一）数码寄存器

所谓数码寄存器就是存放的数码可以存的进、存的住、取的出。所以数码寄存器具有接收、暂存和清除数码的功能。

如图 8-23 所示是一个用 D 触发器组成的四位数码寄存器。

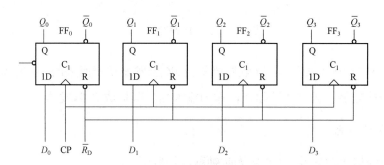

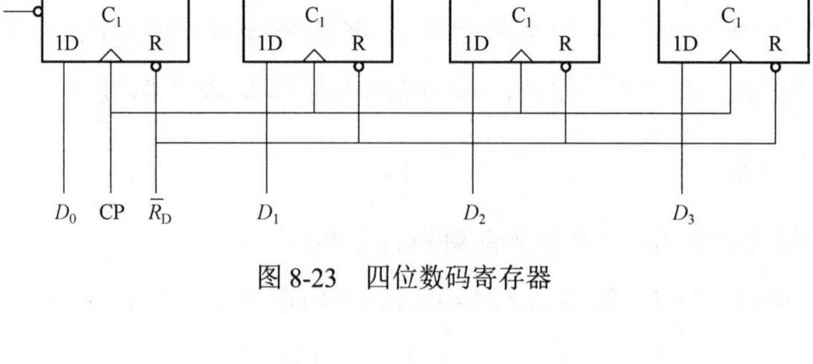

图 8-23　四位数码寄存器

从图 8-23 中可以发现，在存储指令的作用下，可将预先加在各个〃触发器输入端的数码，存入相应的触发器中，并可从各触发器的 Q 端同时输出，所以称其为并行输入、并行输出寄存器。

例：要将四位二进制数码 $D_3D_2D_1D_0=1010$ 存入寄存器中，工作过程如下。

（1）清零：令$\overline{R}_D=0$。则四个触发器均清零，此时 $Q_3Q_2Q_1Q_0=0000$。

（2）寄存数码：令$\overline{R}_D=1$。在寄存器 D_3、D_2、D_1、D_0 输入端分别输入 1、0、1、0。当 CP 脉冲的上升沿到来时，寄存器的输出 $Q_3Q_2Q_1Q_0=1010$，此时只要保证$\overline{R}_D=1$，CP=0，寄存器就完成了接收和暂存数码的功能。

通过上面的例子，可以总结出数码寄存器的工作特点：

（1）在寄存数据之前，应该使$\overline{R}_D=0$，以达到清除原有数码的目的；

（2）在接收数据时，各位数码同时输入，同时输出。

（二）移位寄存器

移位寄存器除了有数码存放的功能外，还有数码移位的功能。根据移动情况不同.可分为单向移位寄存器（又分为左移寄存器和右移寄存器）和双向移位寄存器。

1. D 触发器构成的四位右移寄存器

四个触发器从左到右依次排列，左边触发器的输出接至相邻右边触发器的输入端，输入数据由最左边的 FF_0 输入。

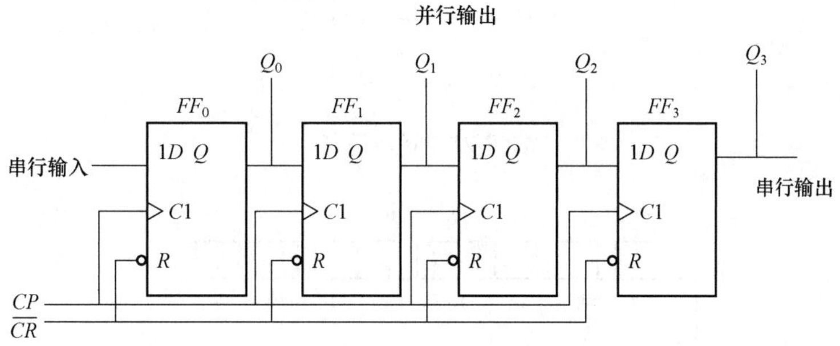

图 8-24　四位右移寄存器

接收数码前，令$\overline{\text{CR}}=0$。寄存器清零，则各位触发器均为。态。接收数码时，应使$\overline{\text{CR}}=1$。

数据从串行输入端 FF_0 的 D 端输入。每当移位脉冲 CP 的上升沿来到时，各个触发器的状态都向右移给下一个触发器。假设现将数码 $D_3D_2D_1D_0=1101$ 从低位（D_0）至高位（D_3）依次送到 FF_0 的 D 端，根据右移的特点，第一个 CP 脉冲到来后，$Q_0=1$，而其他触发器保持 0 态不变；当第二个 CP 脉冲到来时，D_1 移到 FF_0，$Q_0=0$，$Q_1=1$，Q_2、Q_3 的状态依然为 0 态；当第三个脉冲到来时，D_1 移到 FF_0;，$Q_0=1$，D_1 移到 FF_1，$Q_1=0$，D_0 移到 FF_2，$Q_2=1$，而 FF_3 仍为 0 态；当第四个脉冲到来时，D_3 移到 FF_0，其余数据依次右移，此时触发器的结果 $Q_3Q_2Q_1Q_0=1011$。

从四个触发器的输出端可以同时输出四位数码，即并行输出。又可以等待连续输入四个 CP 脉冲后，存放的四位数码可以依次从串行输出端 Q_0 处输出，即串行输出。

2. 74LS194 逻辑功能

移位寄存器所存的代码能在移位脉冲的作用下依次位移，它是一种可以用二进制形式保存数据的双稳器件。即能左移又能右移的寄存器称为双向移位寄存器。

下面以 74LS194 为例，介绍移位寄存器的功能。

图 8-25 和图 8-26 为 7415194 双向 4 位移位寄存器的逻辑符号和引脚图。

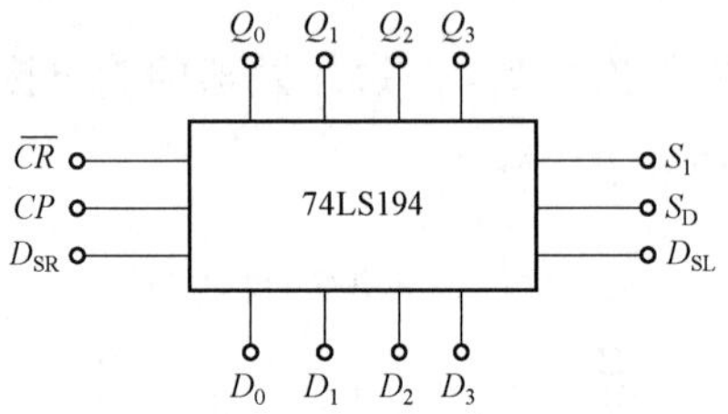

图 8-25 逻辑符号

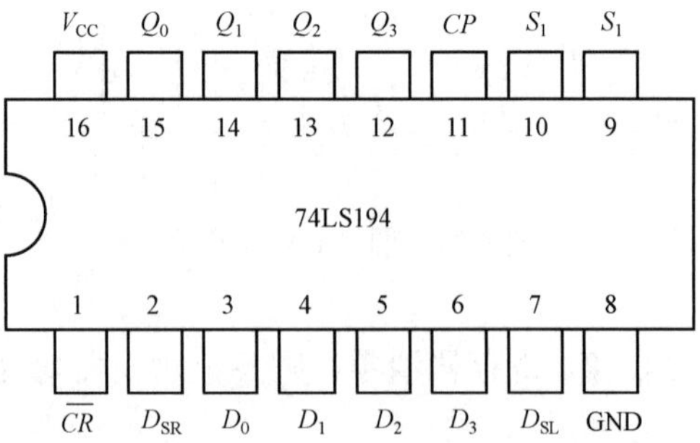

图 8-26 引脚图

移位寄存器存取信息的方式有：串入串出、串入并出、并入串出、并入并出四种形式。

图 8-27 中，S_0，S_1 为工作方式控制端，它们的不同取值，决定寄存器的不同功能：保持、左移、右移及并行输入$\overline{CR}$投是清零端，$\overline{CR}=0$ 时，各输出端均为 0。表中“x”号表示可取任何值，或 0 或 1。寄存器工作时，$\overline{CR}$为高电平 1。寄存器工作方式由 S_1、S_0 的状态决定：$S_1S_0=00$ 时，寄存器中存入的数据保持不变；$S_1S_0=01$ 时，寄存器为右移工作方式，D_{SR} 为右移串行输入端；$S_1S_0=10$ 时。寄存器为左移工作方式，D_{SL} 为左移串行输入端；$S_1S_0=1$ 时，寄存器为并行输入方式，即在 CP 脉冲的作用下，将输入到 D_0～D_3 端的数据，同时存入寄存器中。Q_0～Q_3 是寄存器的输出端。

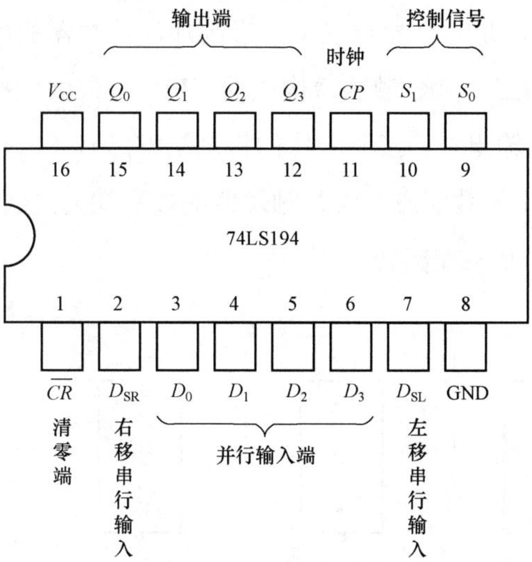

图 8-27 双向移位寄存器

（三）计数器

能累计输入脉冲个数的时序逻辑电路称为计数器。计数器是在数字电路和计算机中广泛应用的一种逻辑电路，可以累计输入脉冲的个数，用于定时、分频、时序控制等方面。

按计数器中触发器的翻转情况，各触发器翻转是否与计数脉冲同步分为同步式和异步式两种。同步计数器中各触发器均采用同一个 CP 脉冲触发，而异步计数器中各触发器的 CP 在两个以上。

按照计数过程中的计数规律，即数字的增减分类，分为加法计数器、减法计数器和可逆计数器（或称为加/减计数器）。

按照数字的编码方式，分为二进制计数器（$N=2^n$）、非二进制计数器（$N\neq 2^n$）、二-十进制计数器、循环码计数器等。

按照计数器的计数容量，分为二进制计数器、十进制计数器、六十进制计数器等。

1. 异步二进制加法计数器

所谓二进制加法器就是“逢二进一”，即当本位是 1 时，同时新的 CP 脉冲到来时，本位就变为 0，并向高位进位，使高位加 1。

（1）电路组成

如图 8-28 所示，是一个异步三位二进制加法计数器的电路图。异步三位二进制加法计数器是由三个 JK 触发器构成的。FF_0 为最低位触发器，其控制端。接输入脉冲，低位的输出端。接而一位的控制端 C_1 处，FF_2 为最高位计数器。各触发器 K＝J＝l，处于计数状态。当各触发器的控制端 C_1 接收到由 1 变 0 的负跳变信号时，触发器的状态就翻转。

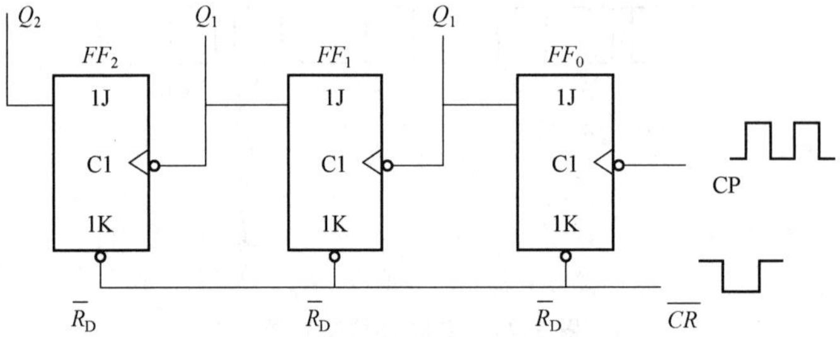

图 8-28　异步二进制加法计数器电路图

（2）工作原理

计数器清零：使$\overline{CR}=0$，则 $Q_2Q_1Q_0=000$。

当第一个 CP 脉冲的下降沿到来时，触发器 FF_0 翻转，Q_0 由“0”变“1”。此时 FF_1 的 CP 脉冲是由 0 变为 1，是上升沿，因此不能翻转，FF_2 的 CP 端没有变化，也不翻转，此时 $Q_2Q_1Q_0=001$。

当第二个 CP 脉冲的下降沿到来时，触发器 FF_0 翻转，Q_0 由“1”变“0”，此时 FF_1 的 CP 脉冲由“1”变“0”，是下降沿，FF_1 翻转，Q_1 由“0”变“1”，

FF_2 的 CP 脉冲没有变化，不翻转。此时 $Q_2Q_1Q_0=010$。

当第三个 CP 脉冲的下降沿到来时，触发器 FF_0 翻转，此时 $Q_2Q_1Q_0=011$。

以此类推，等第七个 CP 脉冲的下降沿到来时，$Q_2Q_1Q_0=010=111$。

三位二进制计数器实现了每输入一个脉冲就进行一次加 1 运算的加法计数器操作（也称递增计数器）。三位二进制计时器的计数范围是从 0000 到 111 对应的十进制数是 0 到 7，共 8 个状态。当第 8 个计数脉冲到来时，计数器又开始从初始状态 000 开始计数。

（3）工作波形图

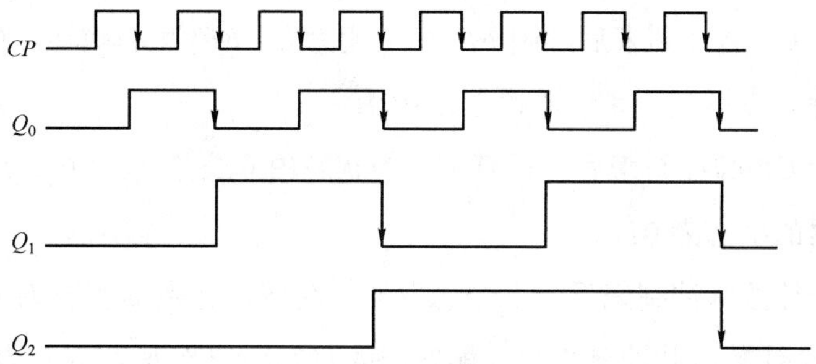

图 8-29　波形图

从图 8-29 波形图中，可以发现，第一位 Q_0 每累计一个数，状态都要变一次；第二位 Q_1 每累计两个数，状态都要变一次；第三位 Q_2 每累计四个数，状态都要变一次。即每经过一级触发器，脉冲的周期都变为原来的 2 倍，频率变为原来的 1/2，因此每位二进制计数器又是一个二分频器。

2. 同步二进制加法计数器

前面已经学习了异步计数器，但是为了提高计数速度，将计数脉冲送到每个触发器的时钟脉冲输入端 CP 处，使各个触发器的状态变化与计数脉冲同步，这种方式的计数器称为同步计数器。

（1）电路图

图 8-30 是一个三位二进制同步加法计数器的电路图。

（2）工作过程

计数器工作前应先清零，初始状态为 000。

当第 1 个 CP 脉冲到来后，FF_0 的状态由 0 变为 1。而 CP 到来前，Q_0、Q_1

均为 0，所以，CP 到来后，FF_2，FF_1 保持不变。计数器状态为 001。

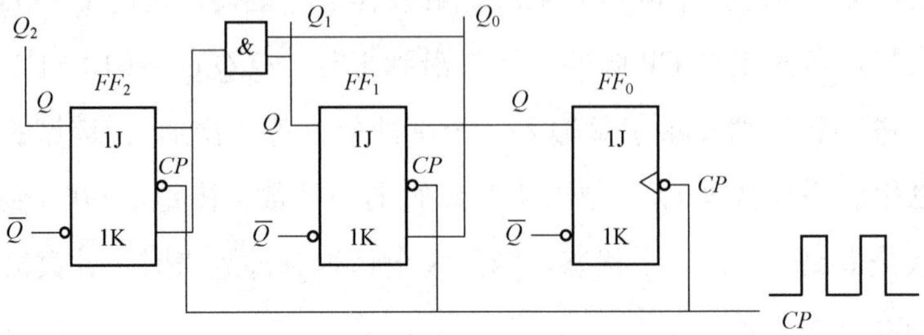

图 8-30　同步二进制加法计数器电路图

当第 2 个 CP 脉冲到来后，则 FF_0 由 1 变为 0。FF_1 状态翻转，由 0 变为 1，而 FF_2 仍保持 0 态不变，计数器状态为 010。

当第 3 个 CP 脉冲到来后，只有 FF_0 的状态由 0 变为 1，FF_1、FF_2 保持原态不变。计数器的状态为 011。

当第 4 个计数脉冲到来后，三个触发器均翻转，计数器状态为 100。

第 5、6 个计数器脉冲到来后，触发器的状态会依次变为 101、110。

第 7 个计数脉冲到来后，计数状态变为 111。如再来一个计数脉冲，计数会恢复为 000。

3. 集成计数器

集成计数器品种多、功能全、使用方便，广泛用于数字电路中。以下简单介绍一种常用的集成二进制计数器。

74LS161 是一种集成同步四位二进制加法计数器，用它可以构成任意进制计数器。

其引脚的排列图如图 8-31 所示。

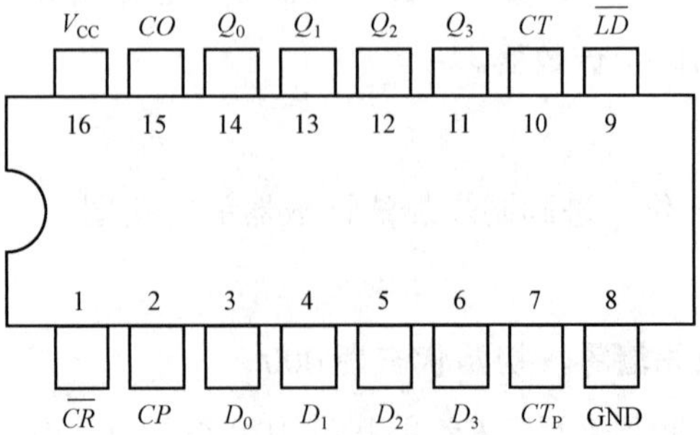

图 8-31　74LSI6I 引脚图引脚

引脚图介绍：

时钟 CP 和四个数据输入端 $D_0 \sim D_3$

清零端：$\overline{CR}$

使能端：CTP，CT

置数端：$\overline{LD}$

数据输出端：$Q_0 \sim Q_3$

以及进位输出端：CO_0（$CO = Q_0 \cdot Q_1 \cdot Q_2 \cdot Q_3 \cdot CET$）

当复位$\overline{CR}=0$ 时，输出 Q_8、Q_2、Q_1、Q_0 全为零、实现异步清零功能（又称复位功能）。

技能性实训

物料流量计数器的安装与调试

一、实训目的

1. 认识电路中使用的各种元器件，并学会判别元器件的好坏。
2. 掌握核心元器件 CD4518 在电路中的功能。
3. 能够组装物料流量计数器，并排除电路故障。

二、实训器材

物料流量计数器套件，常用焊接工具 1 套，MF47 万用表 1 块，双踪示波器 1 台。

三、实训指导

（一）电路简介

物料流量计数器组成框图如图 8-32 所示，该电路主要由红外线对射、放大整形、计数显示、计满输出和稳压电源等电路组成。

（二）十进制同步加法计数器 CD4518 简介

CD4518 是二、十进制（8421 编码）同步加计数器，内含两个单元的加计数

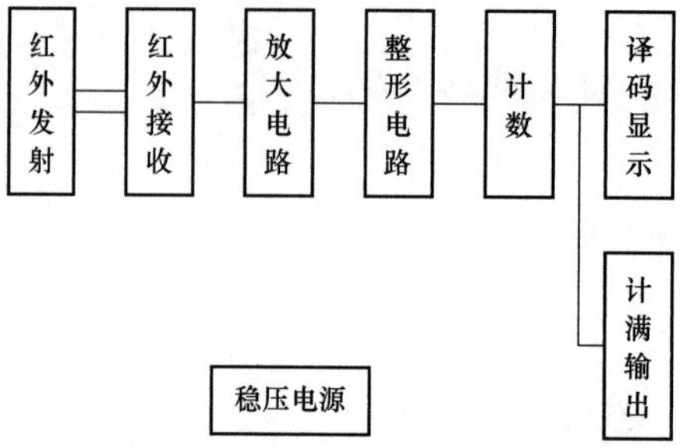

图 8-32　物料流量计数器组成框图

器。每个单元有两个时钟输入端 CLK 和 EN，可用时钟脉冲的上升沿或下降沿触发。由表可知，若用 ENABLE 信号下降沿触发，触发信号由 EN 端输入，CLK 端置“0”；若用 CLK 信号上升沿触发，触发信号由 CLK 端输入，ENABLE 端置“1”。RESET 端是清零端，RESET 端置“1”时，计数器各端输出端。Q_1，Q_2，Q_3，Q_4 均为只有 RESET 端置“0”时，CD4518 才开始计数。

四、实训内容

1. CD4518、CIM511 和 NE555 元器件的使用。
2. 清点元器件并进行检测。
3. 焊接电路，并进行调试和排除故障。

五、实训步骤

1. 识读电路原理图。
2. 安装电路。
3. 通电调试

（1）调试并实现计数器基本功能。

调试电源电路，电源输入端接入 12 V 交流电，在电容 C_4 两端得到 5 V 直流电压；

调试红外发射/接收电路。用障碍物挡住发射二极管前后，测试 Q_5 集电极电压应有明显变化。

计满输出电路。当数码管显示 9 时，发光二极管 LED_2 点亮；显示电路工作正常。在发射与接收二极管间的障碍物移开时，数码管上显示加 1，当数码管显示 9 时，按下 S_1 按钮，数码管上显示的数字归零。

（2）检测与调试。电路正常工作时，用示波器测量 TP-A 和 TP-B 的波形。

第九章

模拟电子与数字电子技术基础实验

实验一　常用电子仪器的使用

一、实验目的

1. 学习电子电路实验中常用的电子仪器——示波器、函数信号发生器、直流稳压电源、交流毫伏表、频率计等的主要技术指标、性能及正确使用方法。

2. 初步掌握用双踪示波器观察正弦信号波形和读取波形参数的方法。

二、实验原理

在模拟电子电路实验中，经常使用的电子仪器有示波器、函数信号发生器、直流稳压电源、交流毫伏表及频率计等。它们和万用电表的配合使用，可以完成对模拟电子电路的静态和动态工作情况的测试。

实验中要对各种电子仪器进行综合使用，可按照信号流向，以连线简捷，调节顺手，观察与读数方便等原则进行合理布局。各仪器与被测实验装置之间的布局与连接如图 9-1 所示。接线时应注意，为防止外界干扰，各仪器的公共接地端应连接在一起，称为共地。信号源和交流毫伏表的引线通常用屏蔽线或专用电缆线，示波器接线使用专用电缆线，直流电源的接线用普通导线。

1. 示波器

示波器是一种用途很广的电子测量仪器，它既能直接显示电信号的波形，又能对电信号进行各种参数的测量。使用时应注意以下几点。

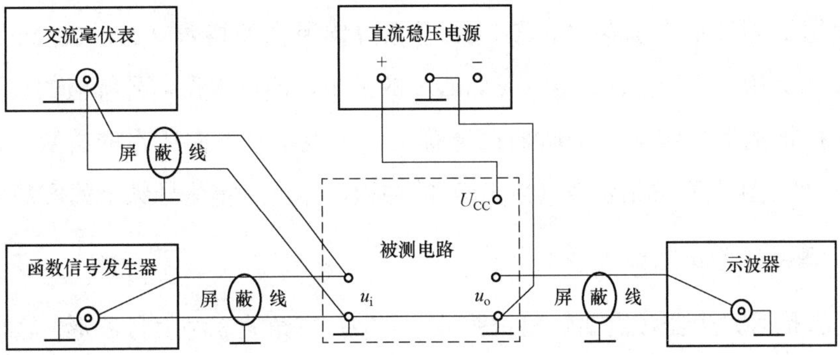

图 9-1　模拟电子电路中常用电子仪器布局图

（1）寻找扫描光迹。

将示波器 Y 轴显示方式置“Y_1”或“Y_2”，输入耦合方式置“GND”，开机预热后，若在显示屏上不出现光点和扫描基线，可按下列操作去找到扫描线：① 适当调节亮度旋钮；② 触发方式开关置“自动”；③ 适当调节垂直、水平“位移”旋钮，使扫描光迹位于屏幕中央（若示波器设有“寻迹”按键，可按下“寻迹”按键，判断光迹偏移基线的方向）。

（2）双踪示波器一般有 5 种显示方式，即“Y_1”“Y_2”“Y_1+Y_2”3 种单踪显示方式和“交替”“断续”2 种双踪显示方式。“交替”显示一般在输入信号频率较高时使用，“断续”显示一般适直于输入信号频率较低的情况。

（3）为了显示稳定的被测信号波形，“触发源选择”开关一般选为“内”触发，使扫描触发信号取自示波器内部的 Y 通道。

（4）触发方式开关通常先置于“自动”调出波形后，若被显示的波形不稳定，可置触发方式开关于“常态”，通过调节“触发电平”旋钮找到合适的触发电压，使被测试的波形稳定地显示在示波器屏幕上。有时，由于选择了较慢的扫描速率，显示屏上将会出现闪烁的光迹，但被测信号的波形不在 X 轴方向左右移动，这样的现象仍属于稳定显示。

（5）适当调节“扫描速率”开关及 Y 轴“输入灵敏度”开关，使屏幕上显示 1～2 个周期的被测信号波形。在测量幅值时，应注意将 Y 轴“灵敏度微调”旋钮置于“校准”位置，即顺时针旋到底，且听到关的声音。在测量周期时，应注意将 X 轴“扫速微调”旋钮置于“校准”位置，即顺时针旋到底，且听到关的声音。注意“扩展”旋钮的位置。

根据被测波形在屏幕坐标刻度上垂直方向所占的格数（div 或 cm）与 Y 轴“输入灵敏度”开关指示值（VVdiv）的乘积，即可求得信号幅值的实测值。

根据被测信号波形一个周期在屏幕坐标刻度水平方向所占的格数（div 或 Cm）与“扫速”开关指示值（V/div）的乘积，即可算得信号频率的实测值。

2. 函数信号发生器

函数信号发生器按需要输出正弦波、方波、三角波 3 种信号波形，输出电压最大可达 $20V_{pp}$。通过输出衰减开关和输出幅度调节旋钮，可使输出电压在毫伏级到伏级范围内连续可调。函数信号发生器的输出信号频率可以通过频率分挡开关进行调节。

函数信号发生器作为信号源，它的输出端不允许短路。

3. 交流毫伏表

交流毫伏表只能在其工作频率范围之内，用来测量正弦交流电的电压有效值。为了防止因过载而损坏交流毫伏表，测量前一般先把量程开关置于量程较大位置上，然后在测量中逐挡减小量程。

三、实验设备与器件

1. 函数信号发生器　2. 双踪示波器　3. 交流毫伏表

四、实验内容

1. 用机内校正信号对示波器进行自检

（1）扫描基线调节

将示波器的显示方式开关置于“单踪”显示（“Y_1”或“Y_2”），输入耦合方式开关置“GND”，触发方式开关置于“自动工开启电源开关后，调节“辉度”“聚焦”“辅助聚焦”等旋钮，使荧光屏上显示一条细而且亮度适中的扫描基线。调节 X 轴“位移”和 Y 轴“位移”旋钮，使扫描线位于屏幕中央，并且能上下左右移动自如。

（2）测试“校正信号”波形的幅度和频率

将示波器的“校正信号”通过专用电缆线引入选定的 Y 通道（“Y_1”或“Y_2”），

将 Y 轴输入耦合方式开关置于“AC”或“DC”，触发源选择开关置“内”，内触发源选择开关置“Y_1”或“Y_2”。调节 X 轴“扫描速率”开关（z/div）和 Y 轴“输入灵敏度”开关（V/div），使示波器显示屏上显示出一个或数个周期稳定的方波波形。

① 校准“校正信号”幅度

将 Y 轴“灵敏度微调”旋钮置“校准”位置，Y 轴“输入灵敏度”开关置适当位置，读取校正信号幅度并记录。

② 校准“校正信号”频率

将“扫速微调”旋钮置“校准”位置，“扫速”开关置适当位置，读取校正信号周期，并记录。

③ 测量“校正信号”的上升时间和下降时间

调节 Y 轴“输入灵敏度”开关及微调旋钮并移动波形，使方波波形在垂直方向上正好占据中心轴，且上、下对称，便于阅读。通过扫速开关逐级提高扫描速度，使波形在 X 轴方向扩展（必要时可以利用“扫速扩展”开关将波形再扩展 10 倍），并同时调节触发电平旋钮，从显示屏上清楚地读出上升时间和下降时间并记录。

2. 用示波器和交流毫伏表测量信号参数

调节函数信号发生器的有关旋钮，使输出频率分别为 100 Hz、1 kHz、10 kHz，100 kHz，有效值均为 1 V（交流毫伏表测量值）的正弦波信号。

改变示波器“扫速”开关及 Y 轴“输入灵敏度”开关等位置，测量信号源输出电压频率及峰值并记录。

3. 测量两波形间的相位差

（1）观察双踪显示波形“交替”与“断续”两种显示方式的特点

“Y_1”“Y_2”均不加输入信号，输入耦合方式置“GND”，扫速开关置扫速较低挡位（如 0.5 s/div 挡）和扫速较高档位（如 5 μs/div 挡），把显示方式开关分别置“交替”和“断续”位置，观察两条扫描基线的显示特点，记录之。

（2）用双踪显示测量两波形间相位差

① 按图 9-2 连接实验电路，将函数信号发生器的输出电压调至频率为 1 kHz 且幅值为 2 V 的正弦波，经 RC 移相网络获得频率相同但相位不同的两路信号 u_i 和 u_R，分别加到双踪示波器的“Y_1”和“Y_2”输入端。

为便于稳定波形，比较两波形相位差，应使内触发信号取自被设定作为测量基准的一路信号。

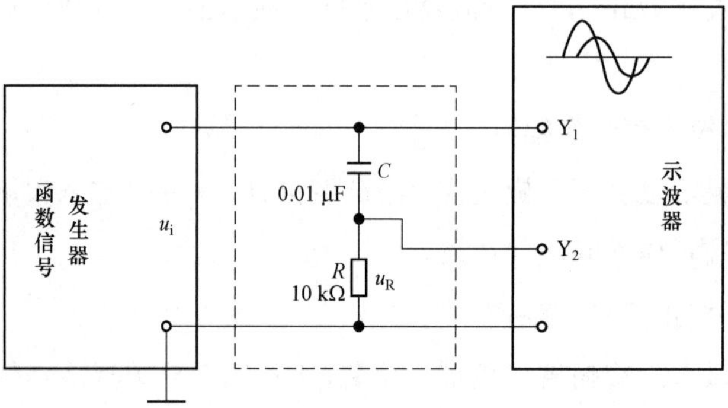

图 9-2　两波形间相位差测量电路

② 把显示方式开关置“交替”挡位，将“Y_1”和“Y_2”输入耦合方式开关置“⊥”挡位，调节“Y_1”和“Y_2”的移位旋钮，使两条扫描基线重合。

③ 将“Y_1”和“Y_2”输入耦合方式开关置“AC”挡位，调节触发电平、扫速开关及“Y_1”和“Y_2”灵敏度开关位置，使在荧光屏匕显示出易于观察的两个相位不同的正弦波形 u_i 及 u_R，如图 9-3 所示。根据两波形在水平方向的差距 X，及信号周期 XT，则可求得两波形的相位差

$$\Theta = X\text{（div）}/X_T\text{（div）}\times 360^\circ$$

式中　X_T——周期所占格数；

X——两波形在 X 轴方向差距格数。

记录两波形相位差于表 9-1。

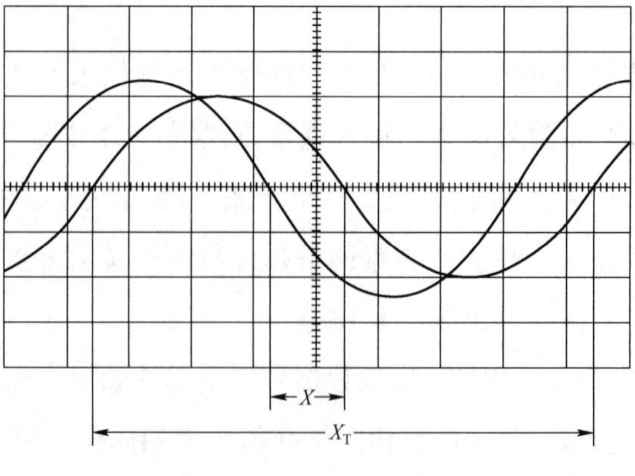

图 9-3　双踪示波器显示两相位不同的正弦波

表 9-1　两波形相位差

一周期格数	两波形 X 轴差距格数	相位差	
		实测值	计算值
X_T	$X=$	$\theta=$	$\theta=$

为读数和计算方便，可适当调节扫速开关及微调旋钮，使波形一周期占整数格。

五、预习思考题

1. 阅读实验附录中有关示波器部分的内容。

2. 已知 $C=0.01\ \mu F$、$R=10\ \Omega$，计算图 9-2 所示 RC 移相网络的阻抗角九。

六、实验报告

1. 整理实验数据，并进行分析。

2. 问题讨论：

（1）如何操作示波器的开关旋钮，以便从示波器显示屏上观察到稳定、清晰的波形？

（2）用双踪显示波形，并要求比较相位时，为在显示屏上得到稳定波形，应怎样选择下列开关的位置？

① 显示方式选择（“Y_1”“Y_2”“Y_1+Y_2”“交替”“断续”）。

② 触发方式（“常态”“自动”）。

③ 触发源选择（“内”“外”）

④ 内触发源选择（“Y_1”“Y_2”“交替”）。

3. 函数信号发生器有哪几种输出波形？它的输出端能否短接？如用屏蔽线作为输出引线，则屏蔽层一端应该接在哪个接线柱上？

4. 交流毫伏表是用来测量正弦波电压还是非正弦波电压？它的表头指示值是被测信号的什么数值？它是否可以用来测量直流电压的大小？

实验二　晶体管共射极单管放大器

一、实验目的

1. 学会放大器静态工作点的调试方法，分析静态工作点对放大器性能的影响。

2. 掌握放大器电压放大倍数、输入电阻、输出电阻及最大不失真输出电压的测试方法。

3. 熟悉常用电子仪器及模拟电路实验设备的使用。

二、实验原理

如图 9-4 所示为电阻分压式工作点稳定单管放大器的实验电路图。它的偏置电路采用 R_{B1} 和 R_{B2} 组成的分压电路，并在发射极接有电阻 R_E，以稳定放大器的静态工作点。当在放大器的输入端加入输入信号以 u_1 后，在放大器的输出端便可得到一个与 u_i 相位相反，但幅值被放大了的输出信号 u_0，从而实现了电压放大。

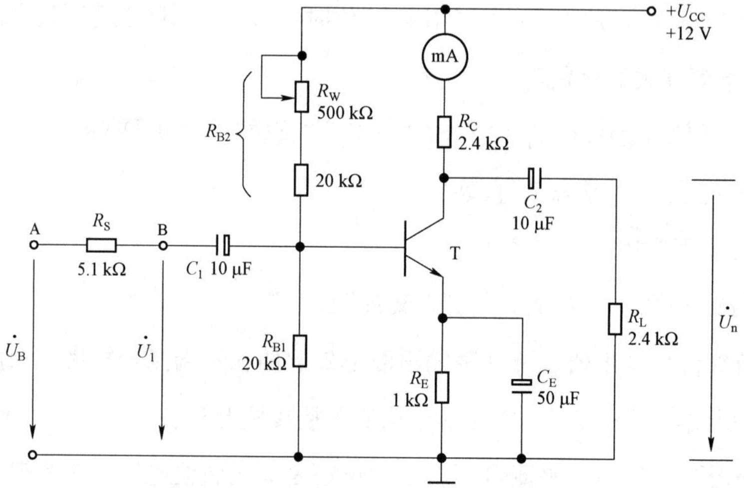

图 9-4　共射极单管放大器实验电路

在图 9-4 所示电路中，当流过偏置电阻 R_{B1} 和 R_{B2} 的电流远大于晶体管 T 的基极电流 I_B 时（一般 5～10 倍），则它的静态工作点可用下式估算

$$U_B \approx (R_{B1}/R_{B1}+R_{B2})UCC$$

$$I_E \approx (U_B - U_{BE})/R_E \approx I_C$$

$$U_{CE} \approx U_{CC} = I_C(R_C + R_E)$$

电压放大倍数

$$A_V = -\beta(R_C /\!/ R_L)/r_{be}$$

输入电阻

$$R_i = R_{B1}/\!/R_{B2}/\!/r_{be}$$

输出电阻

$$R_0 \approx R_C$$

由于电子器件性能的分散性比较大，因此在设计和制作晶体管放大电路时，离不开测量和调试技术。在设计前应测量所用元器件的参数，为电路设计提供必要的依据，在完成设计和装配以后，还必须测量和调试放大器的静态工作点和各项性能指标。一个优质放大器，必定是理论设计与实验调整相结合的产物。因此，除了学习放大器的理论知识和设计方法外，还必须掌握必要的测量和调试技术。

放大器的测量和调试一般包括放大器静态工作点的测量与调试，消除干扰与自激振荡及放大器各项动态参数的测量与调试等。

1. 放大器静态工作点的测量与调试

（1）静态工作点的测量

测量放大器的静态工作点，应在输入信号 $u_i=0$ 的情况下进行。即将放大器输入端与地端短接，然后选用量程合适的直流毫安表和直流电压表，分别测量晶体管的集电极电流 I_C 以及各电极对地的电位 U_B、U_C 和 U_E。一般实验中，为了避免断开集电极，所以采用测量电压 U_E 或 U_C，然后算出 I_C 的方法。例如，只要测出 U_E，即可用算出 I_C（也可根据 $I_C=(U_C-U_{CC})/R_C$，由 U_C 确定 I_C），同时也能算出 $U_{BE}=U_B-U_E$，$U_{CE}=U_C-U_E$。

为了减小误差，提高测量精度，应选用内阻较高的直流电压表。

（2）静态工作点的调试

放大器静态工作点的调试是指对管子集电极电流 I_C（或 U_{CE}）的调整与测试。

静态工作点是否合适，对放大器的性能和输出波形都有很大影响。如工作点偏高，放大器在加入交流信号以后易产生饱和失真，此时 u_0 的负半周将被削底，如图 9-5（a）所示，如果工作点偏低则易产生截止失真，即 u_0 的正半周被缩顶（一般截止失真不如饱和失真明显），如图 9-5（b）所示。这些情况都不符合不失真放大的要求，所以在选定工作点以后还必须进行动态调试。即在放大器的输入端加入一定的输入电压处，检查输出电压 u_0 的大小和波形是否满足要求，如不满足，则应调节静态工作点的位置。

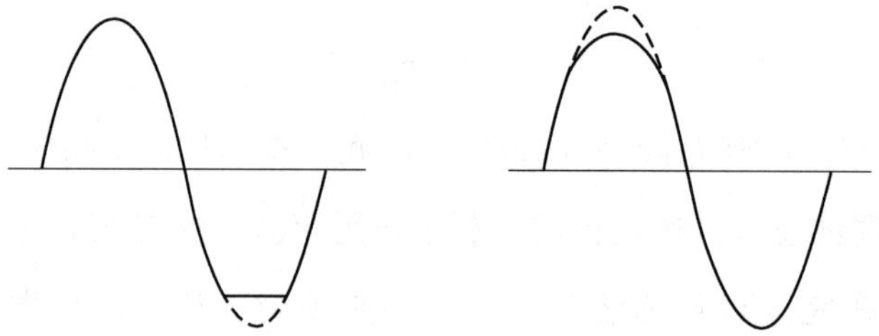

(a)　　(b)

图 9-5　静态工作点对 u_0 波形失真的影响

改变电路参数 U_{CC}、R_C、R_B（R_{B1}、R_{B2}）都会引起静态工作点的变化，如图 9-6 所示，但通常多采用调节偏置电阻 R_{B2} 的方法来改变静态工作点。如减小 R_{B2}，则可使静态工作点提高等。

最后还要说明的是，上面所说的工作点“偏高”或“偏低”不是绝对的，应该是相对信号的幅度而言，如输入信号幅度很小，即使工作点较高或较低也不一定会出现失真。所以确切地说，产生波形失真是信号幅度与静态工作点设置配合不当所致。如需满足较大信号幅度的要求，静态工作点最好尽量转近交流负载线的中点。

2. 放大器动态指标测试

放大器动态指标包括电压放大倍数、输入电阻、输出电阻、最大不失真输出电压（动态范围）和通频带等。

（1）电压放大倍数 A_V 的测量

调整放大器到合适的静态工作点，然后加入输入电压外，在输出电压 u_o 不

失真的情况下，用交流毫伏表测出 u_i 和 u_0 的有效值 U_i 和 U_0，则

$$A_V = U_0/U_i$$

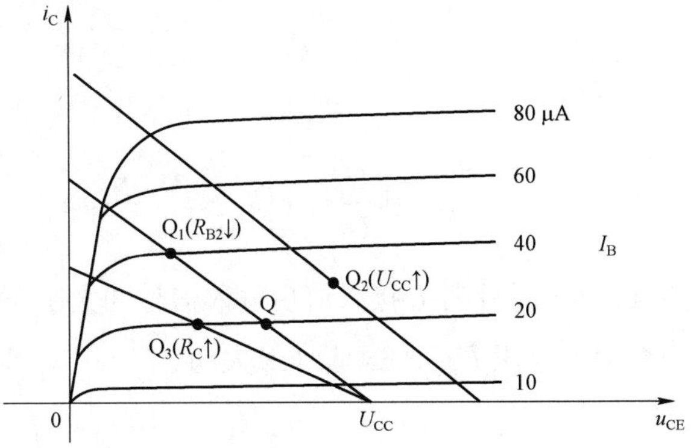

图 9-6　电路参数对静态工作点的影响

（2）输入电阻 R_i 的测量

为了测量放大器的输入电阻，按图 9-7 所示电路在被测放大器的输入端与信号源之间串入一已知电阻 R_0 在放大器正常工作的情况下，用交流毫伏表测出 U_s 和 U_i，则根据输入电阻的定义可得

$$R_i = \frac{U_i}{I_i} = \frac{U_i}{\frac{U_R}{R}} = \frac{U_i}{U_s - U_i} = R_0$$

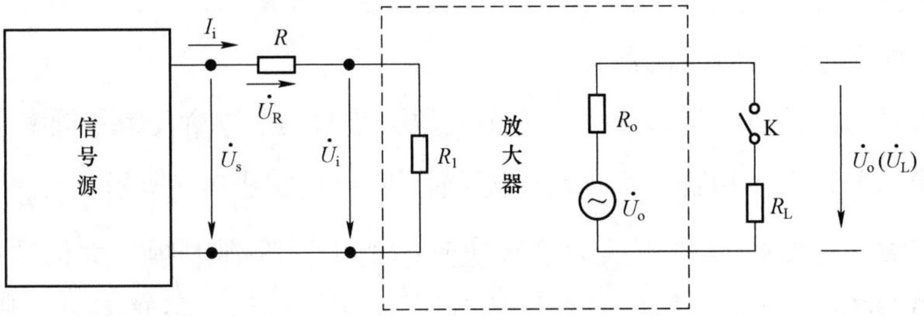

图 9-7　输入、输出电阻测量电路

测量时应注意下列几点。

① 由于电阻 R 两端没有电路公共接地点，所以测量 R 两端电压 U_R 时必须分别测出 U_S 和 U_i，然后按 $U_R = U_S - U$ 求出 U_R 值。

② 电阻 R 的值不直取得过大或过小，以免产生较大的测量误差，通常取 R 与 R_i 为同一数量级为好，本实验可取 $R = 1 \sim 2\ \text{k}\Omega$。

（3）输出电阻 R_0 的测量。

按图 9-7 所示电路，在放大器正常工作条件下，测出输出端不接负载 R_L 的输出电压 U_0 和接入负载后的输出电压 U_L，根据

$$U_L = \frac{R_L}{R_o + R_L} U_o$$

即可求出

$$R_o = \left(\frac{U_o}{U_L} - 1 \right) R_L$$

在测试中应注意，必须保持 RL 接入前后输入信号的大小不变。

（4）最大不失真输出电压 U_{OPP} 的测量（最大动态范围）

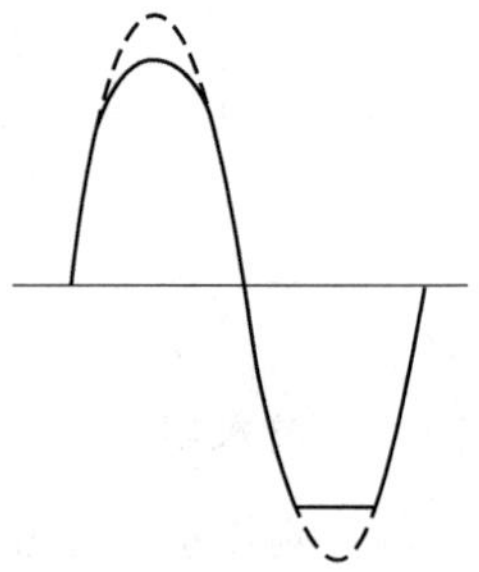

图 9-8　静态工作点正常，输入信号太大引起的失真

如上所述，为了得到最大动态范围，应将静态工作点调整在交流负载线的中点。为此在放大器正常工作的情况下，逐步增大输入信号的幅度，并同时调节 R_W（改变静态工作点），用示波器观察当输出波形同时出现削底和缩顶现象（如图 9-8 所示）时，说明静态工作点已调整在交流负载线的中点。然后反复调整输入信号，使波形输出幅度最大且无明显失真时，用交流毫伏表测出 U_0（有效值），则动态范围等于 $2\sqrt{2}U$，或用示波器直接读出 R_{OPP}。

（5）放大器幅频特性的测量

放大器的幅频特性是指放大器的电压放大倍数 A_V 与输入信号频率 f 之间的关系曲线。单管阻容相合放大电路的幅频特性曲线如图 9-9 所示，A_{vm} 为中频电压放大倍数。通常规定电压放大倍数随频率变化下降到中频放大倍数的 $1/\sqrt{2}$ 倍，即 $0.707A_{Vm}$ 所对应的频率分别称为下限频率 f_L 和上限频率 f_H，则通频带 $f_{BW}=f_H-f_L$。

放大器的幅率特性就是测量不同频率信号时的电压放大倍数 A_v。为此，可采用前述测 A_V 的方法，每改变一个信号频率，测量其相应的电压放大倍数。测量时应注意取点要恰当，在低频段与高频段应多测几点，在中频段可以少测几点。此外，在改变频率时，要保持输入信号的幅度不变，且输出波形不得失真。

（6）干扰和自激振荡的消除。

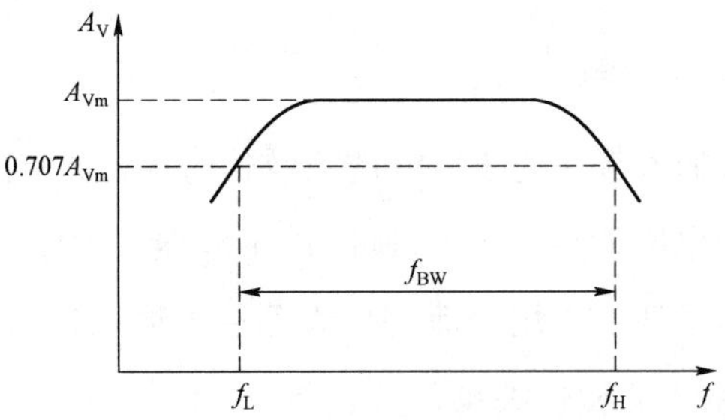

图 9-9　幅频特性曲线

三、实验设备与器件

1. +12 V 直流电源；2. 函数信号发生器；3. 双踪示波器；4. 交流毫伏表；5. 直流电压表；6. 直流毫安表；7. 频率计；8. 万用电表；9. 晶体三极管 3DG6×1（β=50～100）或 9011×1（管脚排列如图 9-10 所示）、电阻器、电容器若干。

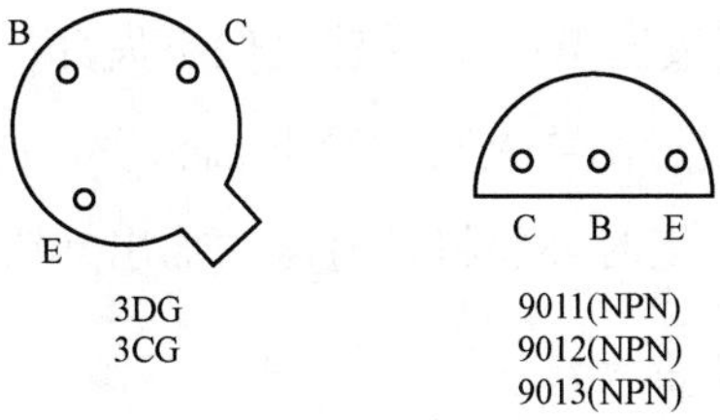

图 9-10　晶体三极管管脚排列

四、实验内容

实验电路如图 9-4 所示。各电子仪器可按实验一中图 9-1 所示方式连接，为防止干扰，各仪器的公共端必须连在一起，同时信号源、交流毫伏表和示波器的引线应采用专用电缆线或屏蔽线。如使用屏蔽线，则屏蔽线的外包金属网应接在公共接地端上。

1. 调试静态工作点

接通直流电源前，先将 HW 调至最大，函数信号发生器输出旋钮旋至零。接通 +12 V 电源，调节 R_W 使 I_C=2.0 mA（即 U_E=2.0 V）；用直流电压表测量 U_B、U_E、U_C 及用万用表测量 R_{B2} 值并记录。

2. 测量电压的放大倍数

在放大器输入端加入频率为 1 kHz 的正弦信号火，调节函数信号发生器的输出旋钮使放大器输入电压 $U_i \approx 10$ mV，同时用示波器观察放大器输出电压 u_0 的波形。在波形不失真的条件下，用交流毫伏表测量下述三种情况下的 U_0 值，并用双踪示波器观察 u_0 和 u_i 的相位关系，并记录。

3. 观察静态工作点对电压放大倍数的影响

置 $R_C = 2.4\ \text{k}\Omega$，$R_L = \infty$，$U_i$ 适量，调节 R_w，用示波器监视输出电压波形。在 u_0 不失真的条件下，测量数组 I_C 和 U_0 值，并记录。测量 I_C 时，要先将信号源输出旋钮旋至零（即使 $U_i = 0$）。

4. 观察静态工作点对输出波形失真的影响

置 $R_C = 2.4\ \text{k}\Omega$，$R_L = 2.4\ \text{k}\Omega$，$u_i = 0$，调节 R_W 使 $I_C = 2.0$ mA，测出 U_{CE} 值，再逐步加大输入信号，使输出电压 u_0 足够大但不失真；然后保持输入信号不变，分别增大和减小 R_w，使波形出现失真；绘出 u_0 波形，并测出失真情况下的 I_C 和 U_{CE} 值。每次测几和 UCE 值时都要将信号源的输出旋钮旋至零。

5. 测量最大不失真输出电压

置 $R_C = 2.4\ \text{k}\Omega$，$R_L = 2.4\ \text{k}\Omega$，按照实验原理 2 中（4）所述方法，同时调节输入信号的幅度和电位器 R_w，用示波器和交流毫伏表测量 U_{OPP} 及 U_0 值。

6. 测量输入电阻和输出电阻

置 $R_C = 2.4\ \text{k}\Omega$，$R_L = 2.4\ \text{k}\Omega$，$I_C = 2.0$ mA。输入 $f = 1$ kHz 的正弦信号，在输出电压 u_0 不失真的情况下，用交流毫伏表测出 U_s、U_i 和 U_L。保持 U_S 不变，断开 R_L，测量输出电压 U_0。

7. 测量幅频特性曲线

取 $I_C = 2.0$ mA，$R_C = 2.4\ \text{k}\Omega$，$R_L = 2.4\ \text{k}\Omega$。保持输入信号 u_i 的幅度不变，改变信号源频率 f，逐点测出相应的输出电压 U_0。

为了信号源频率/取值合适，可先粗测一下，找出中频范围，然后再仔细读数。

说明：本实验内容较多，其中 6、7 可作为选做内容。

实验三　基本逻辑门电路逻辑功能测试

一、实验目的

1. 熟悉门电路的逻辑功能。

2. 了解 EWB 元件的使用方法。

二、实验原理

1. 基本逻辑门电路的逻辑功能（与、或、非、与非、或非、与或非、异或、同或等）。

2. 组合逻辑电路的逻辑功能的分析方法：根据电路逻辑图写出逻辑表达式，根据表达式写出真值表，根据真值表总结电路的逻辑功能。

3. 用循环振荡器法测量反向器的传输延迟时间。把奇数个（例如 5 个）反向器首尾相连，最后一级反向器的输出连接到电路中第一级反向器的输入上，用示波器观察电路的波形，并求出其上升时间和下降时间，则每一个反向器的传输延迟时间为信号传输延迟时间的 1/5 倍。

4. 集成电路 74LS00、74LS04、74LS20 和 74I，S86 的引脚分布如图 9-11 所示。

三、实验仪器与器件

1. 双踪示波器 1 台

2. 数字万用表 1 块

3. 74LS00　2 片

74LS20　1 片

74LS86　1 片

74LS04　1 片

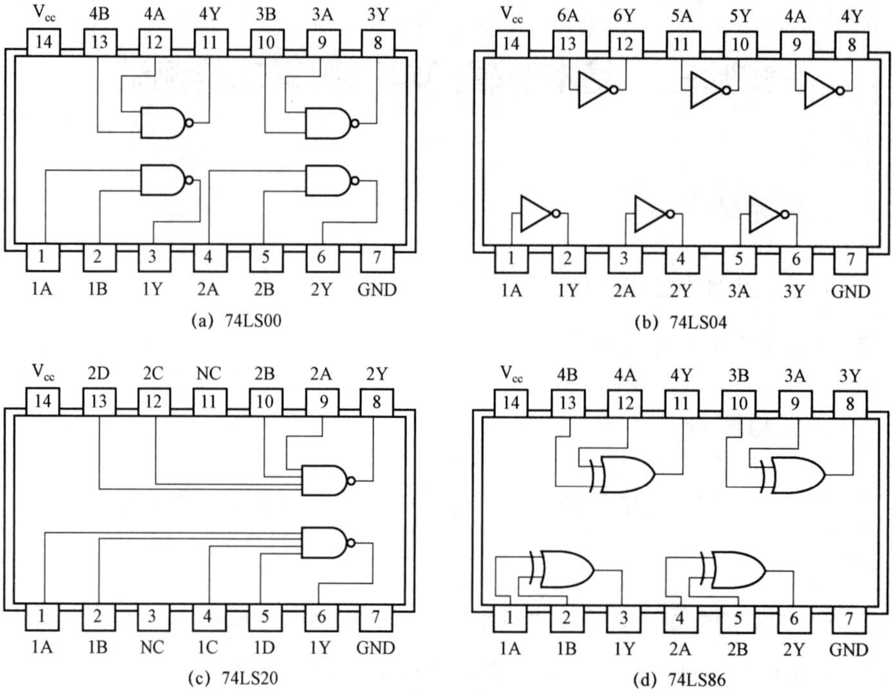

图 9-11　集成电路引脚分布

四、实验内容

使用每一片集成电路时，都要先将其地端和高电平 V_{CC} 端连到实验箱的接地和 +5 V 上，然后根据集成电路的内部连线及引脚图，连接相应的电路。

1. 测试门电路的逻辑功能

（1）选用 74LS201 片，插入实验板，按图 9-12 所示接线.输入端接“电平输出”插口，输出端接“电平显示”发光二极管。

（2）将电平开关按图 9-11 置位，分别测输出电压及其逻辑状态，并记录。

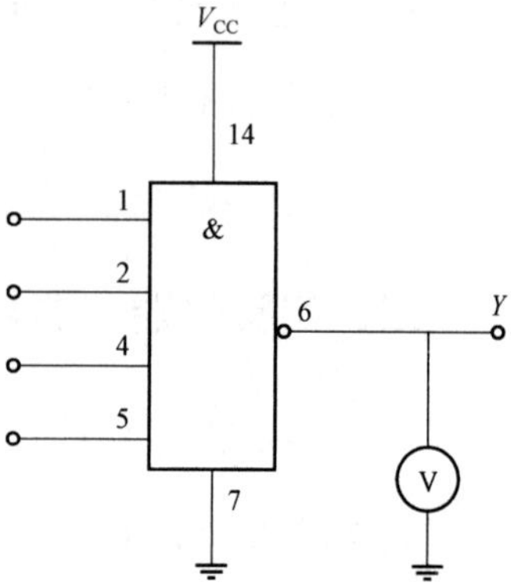

图 9-12　集成电路的内部连线图

2. 异或门逻辑功能测试

（1）选 74LS86 按图 9-13 接线，输入端 1、2、4、5 接电平开关，输出端 A、B 接电平显示发光二极管。

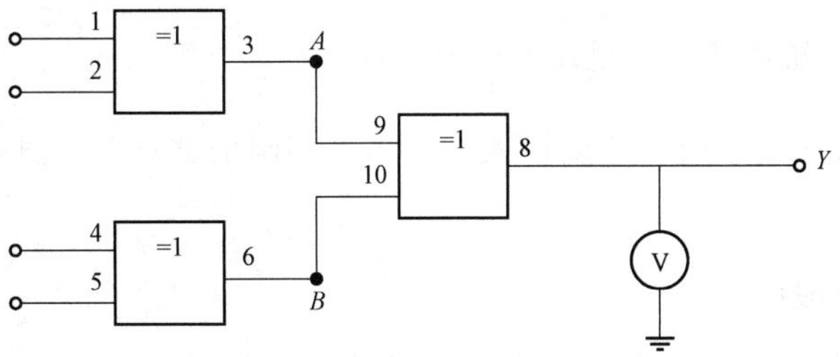

图 9-13　异或门逻辑功能

（2）将电平开关按表置位，记录结果。

（3）写出上面两个电路的逻辑表达式。

3. 逻辑门传输延迟时间的测量

选用六反向器 74LS04，按图 9-14 接线，通过示波器测量每个反向器的传输延迟时间。

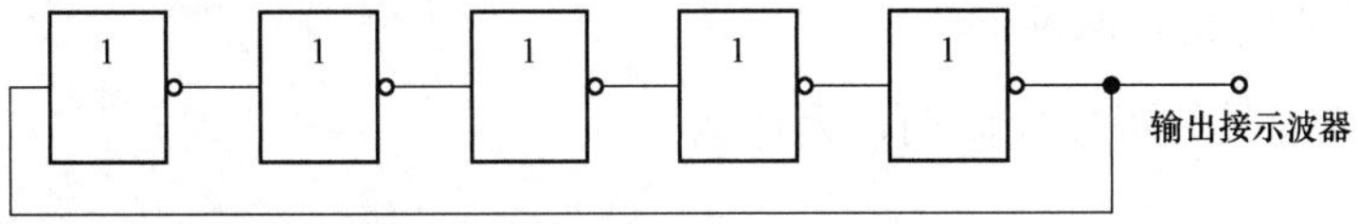

图 9-14　六反向器 74LS00 的线路图

4. 利用与非门控制输出

选用 1 片 74LS00，按图 9-15 所示接线，S 接任一电平开关，用示波器观察 S 对输出脉冲的控制作用。

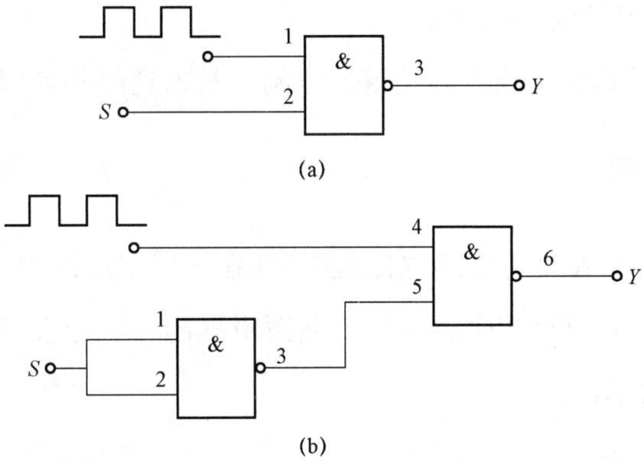

图 9-15　74LS00 的线路图

5. 用与非门组成其他门电路并测试验证

（1）组成或非门。用 1 片两输入端四与非门组成或非门，画出电路图，测试并记录。

（2）组成异或门。

① 将异或门表达式转化为与非门表达式。

② 画出逻辑电路图。

③ 测试并写出其真值表。

五、实验报告

1. 整理数据并画出逻辑图，填真值表。

2. 怎样判断门电路的逻辑功能是否正常？

3. 如果与非门一个输入接连续脉冲，则其余端处于什么状态时允许脉冲通过？什么状态时禁止脉冲通过？

4. 异或门又称可控反向门，为什么？

实验四　TTL 集成逻辑门的逻辑功能与参数测试

一、实验目的

1. 掌握 TTL 集成与非门的逻辑功能和主要参数的测试方法。

2. 掌握 TTL 器件的使用规则。

3. 进一步熟悉数字电路实验装置的结构、基本功能和使用方法。

二、实验原理

本实验采用四输入双与非门 74LS20，即在一块集成块内含有两个互相独立的与非门，每个与非门有四个输入端。其逻辑框图、符号及引脚排列如图 9-16（a）、（b）、（c）所示。

1. 与非门的逻辑功能

与非门的逻辑功能是：当输入端中有一个或一个以上是低电平时，输出端为高电平；只有当输入端全部为高电平时，输出端才是低电平（即有“0”得“1”，全“1”得“0”）。

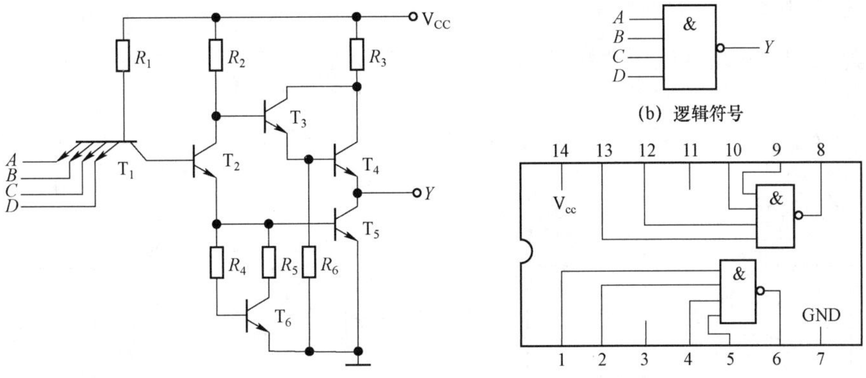

(a) 逻辑框图

(b) 逻辑符号

(c) 引脚排列

图 9-16　四输入双与非门 74LS20 的线路图

其逻辑表达式为 $Y=\overline{AB}$。

2. TTL 与非门的主要参数

（1）低电平输出电源电流 I_{CCL} 和高电平输出电源电流 I_{CCH}

与非门处于不同的工作状态，电源提供的电流是不同的。I_{CCL} 是指所有输入端悬空且输出端空载时，电源提供器件的电流。I_{CCH} 是指当输出端空载，每个门各有一个以上的输入端接地且其余输入端悬空时，电源提供给器件的电流。通常 $I_{CCL}>I_{CCH}$，它们的大小标志着器件静态功耗的大小。器件的最大功耗为 $P_{CCL}=V_{CC}I_{CCL}$ 手册中提供的电源电流和功耗值是指整个器件总的电源电流和总的功耗。I_{CCL} 和 I_{CCH} 的测试电路如图 9-17（a）（b）所示。

注意：TTL 电路对电源电压要求较严，电源电压 V_{CC} 只允许在 $+5\ \text{V}\pm10\%$ 的范围内工作，超过 5.5 V 将损坏器件，低于 4.5 V 器件的逻辑功能将不正常。

（2）低电平输入电流 I_{iL} 和高电平输入电流 I_{iH}

I_{iL} 是指被测输入端接地，其余输入端悬空且输出端空载时，由被测输入端流出的电流值。在多级门电路中，I_{iL} 相当于前级门输出低电平时，后级向前级门灌入的电流，因此它关系到前级门的灌电流负载能力，即直接影响前级门电路带负载的个数，因此希望 I_{iL} 尽可能小些。

I_{iH} 是指被测输入端接高电平，其余输入端接地且输出端空载时，流入被测输入端的电流值。在多级门电路中，它相当于前级门输出高电平时，前级门的拉电流负载，其大小关系到前级门的拉电流负载能力，因此希望 I_{iH} 小些。由于 I_{iH} 较小，难以测量，一般免于测试。

I_{iL} 与 I_{iH} 的测试电路如图 9-17（c）、（d）所示。

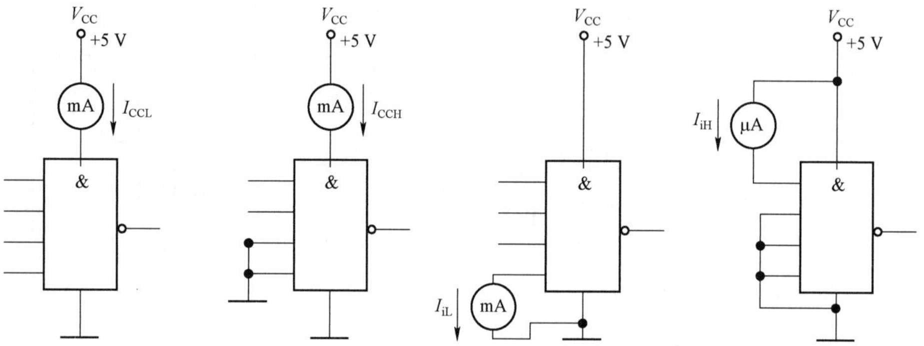

(a) I_{CCL}测试电路　(b) I_{CCH}测试电路　(c) I_{iL}测试电路　(d) I_{iH}测试电路

图 9-17　TTL 与非门静态参数测试电路图

（3）扇出系数 N_0

网出系数 N_0 是指门电路能驱动同类门的最大个数，它是衡量门电路负载能力的一个参数。TTL 与非门有两种不同性质的负载，即建电流负载和拉电流负载，因此有两种扇出系数，即低电平扇出系数 N_{0L} 和高电平扇出系数 N_{0H}。通常 $L_{iH}<I_{iL}$，则 $M_{0H}>N_{oL}$，故常以 N_{oL} 作为门电路的扇出系数。

N_{oL} 的测试电路如图 9-18 所示，门的输入端全部悬空，输出端接灌电流负载调节 R_L。调节 R_L 使 I_{OL} 增大，则 V_{0L} 随之增高，当 V_{0L} 达到 V_{0Lm}（手册中规定低电平规范值为 0.4 V）时的 I_{oL} 就是允许灌入的最大负载电流，则

$N_{0L}=I_{0L}/I_{iL}$，通常 $N_{0L}\geqslant 8$。

（4）电压传输特性

门电路的输出电压 u_0 随输入电压 u_i 而变化的曲线 $u_0=f(u_i)$ 称为门电路的电压传输特性，通过它可读得门电路的一些重要参数。如输出高电平 v_{0H}、输出低电平 V_{0L}、关门电平 V_{0H}、开门电平 V_{0n}、阈值电平 V_T 及抗干扰容限 V_{NL}、V_{NH} 等值。测试电路如图 9-19 所示，采用逐点测试法，即调节 R_W，逐点测得 V_i 及

V_0，然后绘成曲线。

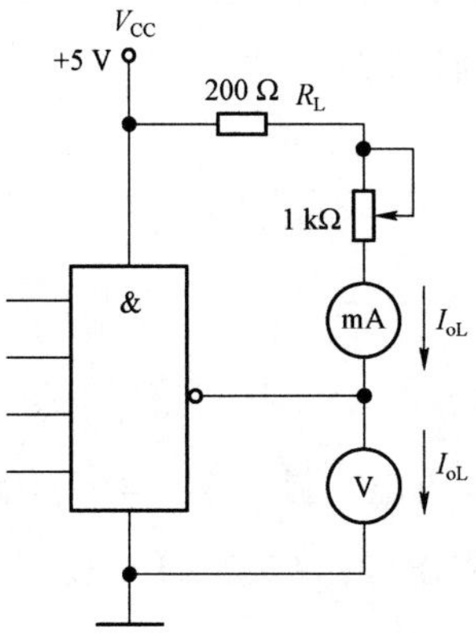

图 9-18　扇出系数试测电路

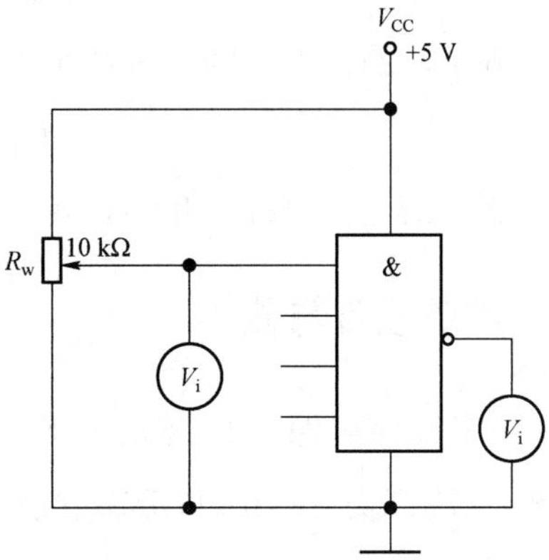

图 9-19　传输特性消试电路

（5）平均传输延迟时间 t_{pd}

t_{pd} 是衡量门电路开关速度的参数，它是指输出波形边沿的 0.5Vm 至输入波形对应边沿 0.5Vm 点之间的时间间隔，如图 9-20 所示。

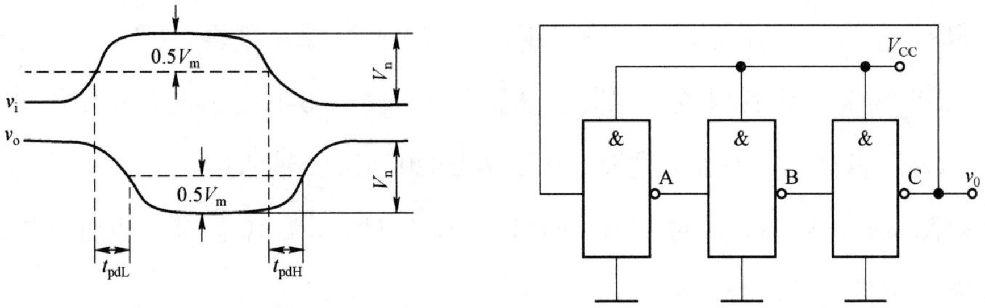

(a) 传输延迟特性　　(b) t_{pd}的测试电路

图 9-20　门电路开关的线路图

图 9-20（a）中的 t_{pdL} 为导通延迟时间，t_{pdH} 为截止延迟时间，平均传输延迟时间为

$$t_{pd} = 1/2(t_{pdL} + t_{pdH})$$

t_{pd} 的测试电路如图 9-20（b）所示，由于 TTL 门电路的延迟时间较小，直接测量时对信号发生器和示波器的性能要求较高，故实验采用通过测量奇数个与非门组成的环形振荡器的振荡周期 T 来求得 t_{pd}。其工作原理是：假设电路在接通

电源后某一瞬间，电路中的 A 点为逻辑“1”，经过三级门的延迟后，使 A 点由原来的逻辑“1”变为逻辑“0”；再经过三级门的延迟后，A 点电平又重新回到逻辑“1”。电路中其他各点电平也跟随变化，说明使 A 点发生一个周期的振荡，必须经过 6 级门的延迟时间，因此平均传输延迟时间为

$$t_{pd} = T/6$$

TTL 电路的 t_{pd} 一般在 10～40 ns 之间。

三、实验设备与器件

1. +5 V 直流电源　2. 逻辑电平开关　3. 逻辑电平显示器　4. 直流数字电压表　5. 直流毫安表　6. 直流微安表　7. 74LS20×2，1 kΩ、10 kΩ 电位器，200 Ω 电阻器（0.5 W）

四、实验内容

在合适的位置选取一个 14P 插座，按定位标记插好 74LS20 集成块。

验证 TTL 集成与非门 74LS20 的逻辑功能。

按图 9-21 所示接线，门的 4 个输入端接逻辑开关的输出插口，以提供“0”和“1”电平信号，开关向上，输出逻辑“1”，向下输出逻辑“0”。门的输出端接由 LED 发光二极管组成的逻辑电平显示器（又称 0-1 指示器）的显示插口，LED 亮为逻辑“1”，不亮为逻辑“0”。74LS20 有 4 个输入端，有 16 个最小项，在实际测试时，只要通过对 1111、0111、1011、1101、1110 五项输入进行检测就可判断其逻辑功能是否正常。

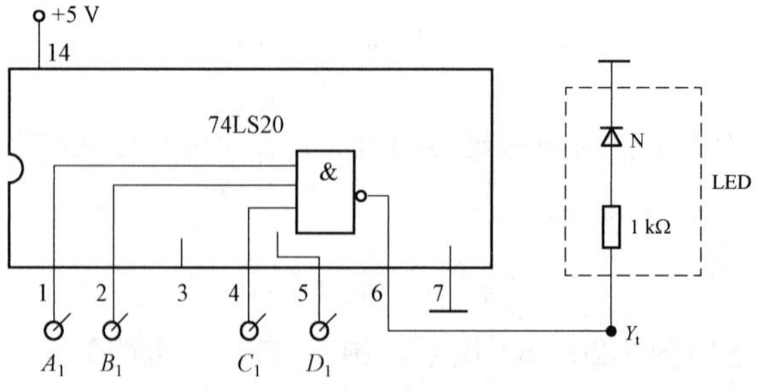

图 9-21　与非门逻辑功能测试电路

五、实验报告

1. 记录、整理实验结果，并对结果进行分析。

2. 画出实测的电压传输特性曲线，并从中读出各有关参数值。

六、集成电路芯片简介

数字电路实验中所用到的集成芯片都是双列直插式的。识别方法是：正对集成电路型号（如 74LS2O）或看标记（左边的缺口或小圆点标记），从左下角开始按逆时针方向以 1，2，3，……依次排列到最后一脚（在左上角）。在标准形 TTL 集成电路中，电源端 V_{CC} 一般排在左上端，接地端“GND”一般排在右下端。如 74LS20 为 14 脚芯片，14 脚为“V_{CC}”，7 脚为“GND”。若集成芯片引脚上的功能标号为“NC”，则表示该引脚为空脚，与内部电路不连接。

七、TTL 集成电路使用规则

1. 接插集成块时，要认清定位标记，不得插反。

2. 电源电压使用范围为+4.5～+5.5 V 之间，实验中要求使用 $V_{CC}=+5$ V。电源极性绝对不允许接错。

3. 闲置输入端处理方法

（1）悬空，相当于正逻辑“1”，对于一般小规模集成电路的数据输入端，实验时允许悬空处理，但易受外界干扰，导致电路的逻辑功能不正常。因此，对于接有长线的输入端，中规模以上的集成电路和使用集成电路较多的复杂电路，所有控制输入端必须按逻辑要求接入电路，不允许悬空。

（2）直接接电源电压 V_{CC}（也可以串入一只 1～10 kΩ 的固定电阻）或接至某一固定电压（+2.4 V≤V≤4.5 V）的电源上，或与输入端为接地的多余与非门的输出端相接。

（3）若前级驱动能力允许，可以与使用的输入端并联。

4. 输入端通过电阻接地，电阻值的大小将直接影响电路所处的状态。当 $R\leqslant 680\ \Omega$ 时，输入端相当于逻辑“0”；当 $R\geqslant 4.7\ \text{k}\Omega$ 时，输入端相当于逻辑“1”。

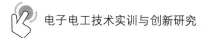

对于不同系列的器件，要求的阻值不同。

5. 输出端不允许并联使用（集电极开路门（OC）和三态输出门电路（3S）除外），否则不仅会使电路逻辑功能混乱，而且会导致器件损坏。

6. 输出端不允许直接接地或直接接 +5 V 电源，否则将损坏器件。有时为了使后级电路获得较高的输出电平，允许输出端通过电阻 R 接至 V_{CC}，一般取 $R=3\sim5.1\ \mathrm{k\Omega}$。

参考文献

［1］冯津. 校企相互赋能探索汽车电子电工技术基础课程开发的实践探索与思考［J］. 汽车维修与保养，2022（09）：82-83.

［2］孙晓红. 电子电工教学中项目教学法的运用［J］. 科技风，2022（17）：136-138.

［3］兰鸽，李川江. 基于二维码的实训教学平台资源库的探索——以电子电工技术课程为例［J］. 教育信息化论坛，2021（12）：113-114.

［4］扶利杰. 中职电子电工专业创新教学实践探微［J］. 广西教育，2021（46）：36-37.

［5］陈美芳. 技校电子电工专业学生技能培养探究［J］. 就业与保障，2021（22）：143-145.

［6］林碧琴. "互联网+"背景下高职电子电工技术教学策略研究［J］. 数字通信世界，2021（06）：279-280.

［7］庄紫玮. 新能源汽车维修专业《汽车电子电工技术》课程的模块化实训项目开发［D］. 天津职业技术师范大学，2021.

［8］陈安，胡兆勇，梁远博，万频，谢小柱. 电子电工智能实训平台的设计和应用［J］. 中国现代教育装备，2021（07）：77-79+83.

［9］陈佳彤. 一体化实训室在电子电工技术专业教学中的应用研究［J］. 发明与创新（职业教育），2021（03）：88-89.

［10］王建萍. 信息化时代下如何利用微课构建高效的电子电工技术课堂［J］. 数码世界，2020（08）：162-162.

［11］谭裴，杜卫平. 实训在电子电工教学中的重要性探究［J］. 无线互联科技，2020，17（14）：78-79.

［12］韦苏兰. 电子电工技术多元化教学的实践探究［J］. 求学，2020（20）：42-42.

［13］董妍汝.《电子电工技术实训》实验指导书编写方案研究［J］. 现代计算机，2020（02）：62-64＋68.

［14］董妍汝.《电子电工技术实训》实验指导书编写方案研究［J］. 办公自动化，2019，24（23）：38-40.

［15］张若安，吴金华，李健. 以实践为导向的电子电工技术教学模式探析［J］. 湖北农机化，2019（19）：118-119.

［16］肖国君，傅慧敏. 角色扮演小组合作游戏闯关——汽车电子电工技术实训课教学的创新实践［J］. 职业，2019（09）：103-104.

［17］毛瑞. 浅谈电子电工技术实训培养模式的创新［J］. 明日风尚，2019（02）：153.

［18］于红. 浅谈电子电工技术实训培养模式的创新［J］. 才智，2016（34）：27.

［19］刘旸. 基于创新理念的电子电工技术实验实训教学改革［J］. 中小企业管理与科技（中旬刊），2016（06）：105-106.

［20］张芊，胡猛. 职业技术教育中电子电工技术课程改革与创新［J］. 当代教育理论与实践，2015，7（01）：137-139.